Mentions légales

Saage Media GmbH
c/o SpinLab – The HHL Accelerator
Spinnereistraße 7
04179 Leipzig, Germany
E-Mail: contact@SaageMedia.com
Web: www.SaageMedia.com
Commercial Register: Local Court Leipzig, HRB 42755 (Handelsregister: Amtsgericht Leipzig, HRB 42755)
Managing Director: Rico Saage (Geschäftsführer)
VAT ID Number: DE369527893 (USt-IdNr.)

Éditeur: Saage Media GmbH

Publication: 02.2025

Conception de la couverture: Saage Media GmbH

ISBN Broché (fr): 978-3-384-51753-1

ISBN Ebook (fr): 978-3-384-51754-8

Mentions légales / Avis

Les liens externes et les références aux sources énumérés dans ce livre ont été vérifiés au moment de la publication. L'auteur n'a aucune influence sur la conception et le contenu actuels et futurs des pages liées. Le fournisseur du site web lié est seul responsable des contenus illégaux, incorrects ou incomplets ainsi que des dommages résultant de l'utilisation ou de la non-utilisation des informations, et non la personne qui renvoie à la publication respective via des liens. Toutes les sources externes utilisées sont répertoriées dans la bibliographie. Malgré un contrôle minutieux du contenu, nous n'assumons aucune responsabilité pour le contenu des sources externes. Les opérateurs des sources citées sont seuls responsables de leur contenu. Les images et les sources de tiers sont marquées comme telles. La reproduction, le traitement, la distribution et tout type d'exploitation en dehors des limites du droit d'auteur nécessitent le consentement écrit de l'auteur ou du créateur respectif.

Ce livre a été traduit de l'allemand. Des écarts par rapport à l'original ou des erreurs de traduction ne peuvent être totalement exclus. Toutes les sources citées dans le livre sont disponibles en anglais. Nous déclinons toute responsabilité pour d'éventuelles inexactitudes ou malentendus de contenu résultant de la traduction.

Les données des diagrammes qui ne sont pas explicitement marquées d'une source ne sont pas basées sur des études mais sont des hypothèses non contraignantes pour une meilleure visualisation.

Ce livre a été créé à l'aide de l'Intelligence Artificielle (IA) et d'autres outils. Entre autres, des outils ont été utilisés pour la recherche, l'écriture/édition et la génération d'illustrations décoratives. Malgré les vérifications, des erreurs ne peuvent être totalement exclues. Nous tenons à souligner que l'utilisation de l'IA sert d'outil de support pour offrir à nos lecteurs une expérience de lecture de haute qualité et inspirante.

Les références et citations contenues dans ce livre ont été soigneusement recherchées et reproduites dans leur sens. L'interprétation et la présentation du contenu cité reflètent la compréhension de l'auteur et ne correspondent pas nécessairement à l'intention ou à l'opinion des auteurs originaux. Pour les citations paraphrasées, les déclarations principales des sources originales ont été intégrées dans le contexte de cet ouvrage au mieux des connaissances et des convictions, mais peuvent s'écarter des formulations originales et des nuances de sens en raison du transfert et de la simplification. Toutes les sources utilisées sont entièrement répertoriées dans la bibliographie et peuvent y être lues dans l'original. La responsabilité de l'interprétation et de l'intégration contextuelle du contenu cité incombe à l'auteur de ce livre. Pour les questions scientifiques et les informations détaillées, il est recommandé de consulter les sources originales. L'auteur s'est efforcé de présenter des sujets scientifiques complexes de manière généralement compréhensible. Des simplifications et des généralisations ne peuvent être exclues. Aucune garantie ne peut être donnée quant à l'exactitude technique et l'exhaustivité des présentations simplifiées. La reproduction paraphrasée des citations et des découvertes scientifiques est effectuée consciencieusement conformément à la loi sur les citations selon § 51 UrhG et à toutes les dispositions pertinentes sur le droit d'auteur d'autres pays. Lors de la simplification, du transfert et éventuellement de la traduction de contenu scientifique dans un langage généralement compréhensible, des nuances de sens et des détails techniques peuvent être perdus. L'auteur ne revendique aucun droit sur les œuvres citées et respecte tous les droits d'auteur des auteurs originaux. Si une utilisation non autorisée est détectée, l'auteur demande d'en être informé pour prendre les mesures appropriées. À des fins académiques et lors de l'utilisation comme référence scientifique, il est expressément recommandé de se référer aux sources originales. La présentation simplifiée sert exclusivement à l'information scientifique populaire.

Les informations contenues dans ce livre sur les méthodes de construction durables, l'efficacité énergétique et la planification de la construction ont été soigneusement recherchées et compilées au meilleur de nos connaissances. Néanmoins, les règlements, les normes techniques et les directives de construction peuvent changer. Par conséquent, aucune garantie ne peut être donnée quant à l'actualité, l'exactitude et l'exhaustivité des informations fournies. Les concepts de planification et de construction présentés, ainsi que les solutions techniques et les exemples de calcul, servent à des fins d'information générale et ne remplacent pas un conseil professionnel d'architectes, de conseillers en énergie, de staticiens ou d'autres planificateurs spécialisés. Avant la mise en œuvre concrète de projets de construction, la consultation d'experts qualifiés est indispensable. Aucune responsabilité n'est acceptée pour les dommages matériels ou immatériels résultant de l'utilisation des informations présentées. Cela s'applique également aux erreurs de planification ou d'exécution qui peuvent survenir malgré une attention soigneuse aux méthodes décrites. Tous les calculs concernant l'efficacité énergétique, la rentabilité et les possibilités de financement sont basés sur l'état des connaissances au moment de l'impression. Les valeurs et les règlements actuels doivent être demandés auprès des autorités compétentes. Les produits et marques mentionnés dans le livre peuvent être des marques ou des marques déposées de leurs propriétaires respectifs. Les droits des tiers sont reconnus. Des références détaillées aux études, statistiques et littérature spécialisée se trouvent en annexe.

Bendis Saage

Construction Durable: Guide Pratique pour Faire Construire sa Maison

Méthodes et solutions pour une architecture durable, de la planification à la certification énergétique

47 Sources
32 Diagrammes
41 Images
7 Illustrations

Chers lecteurs,

nous vous remercions sincèrement d'avoir choisi ce livre. Par votre choix, vous nous avez non seulement accordé votre confiance, mais aussi une partie de votre précieux temps. Nous en sommes très reconnaissants.

La construction durable est aujourd'hui plus importante que jamais - pour notre environnement et notre portefeuille. Qui planifie et construit une maison est confronté au défi de prendre des décisions durables : du choix du bon terrain aux méthodes de construction écoénergétiques en passant par la technologie domestique optimale. Cet ouvrage spécialisé accompagne systématiquement à travers toutes les phases de la construction durable. À l'aide d'étapes de planification concrètes, de méthodes éprouvées et de technologies actuelles, il montre comment les objectifs écologiques et économiques peuvent être harmonieusement combinés lors de la construction d'une maison. Une attention particulière est accordée aux concepts écoénergétiques, aux systèmes d'énergie renouvelable et à l'utilisation de matériaux de construction respectueux de l'environnement. Ce guide structuré aide les maîtres d'ouvrage à concevoir leur projet de la première idée jusqu'à la remise des clés de manière durable, tout en gardant un œil sur les coûts et la qualité. Rendez votre projet de construction prêt pour l'avenir - avec des connaissances solides et des recommandations pratiques pour une construction durable.

Ce guide vous fournit des informations faciles à comprendre et pratiques sur un sujet complexe. Grâce à des outils numériques développés en interne qui utilisent également des réseaux neuronaux, nous avons pu mener des recherches approfondies. Le contenu a été structuré de manière optimale et développé jusqu'à la version finale pour vous fournir une vue d'ensemble bien fondée et facilement accessible. Le résultat : vous obtenez une vision complète et bénéficiez d'explications claires et d'exemples illustratifs. La conception visuelle a également été optimisée grâce à cette méthode avancée afin que vous puissiez rapidement saisir et utiliser les informations.

Nous nous efforçons d'atteindre la plus grande précision, mais nous sommes reconnaissants pour toute indication d'erreurs possibles. Visitez notre site web pour trouver les dernières corrections et ajouts à ce livre. Ceux-ci seront également intégrés dans les éditions futures.

Nous espérons que vous apprécierez la lecture et découvrirez de nouvelles choses ! Si vous avez des suggestions, des critiques ou des questions, nous attendons vos commentaires. Ce n'est que par un échange actif avec vous, les lecteurs, que les futures éditions et œuvres pourront devenir encore meilleures. Restez curieux !

Bendis Saage

Saage Media GmbH - Équipe

- www.SaageBooks.com/fr
- support@saagemedia.com
- Spinnereistraße 7 - c/o SpinLab – The HHL Accelerator, 04179 Leipzig, Germany

Accès rapide aux connaissances

Pour garantir une expérience de lecture optimale, nous souhaitons vous familiariser avec les principales caractéristiques de ce livre :

- **Structure Modulaire :** Chaque chapitre est autonome et peut être lu indépendamment des autres.
- **Recherche Approfondie :** Tous les chapitres sont basés sur une recherche approfondie et sont étayés par des références scientifiques. Les données présentées dans les diagrammes servent à une meilleure visualisation et sont basées sur des hypothèses, non sur les données fournies dans les sources. Une liste complète des sources et des crédits d'images se trouve en annexe.
- **Terminologie Claire :** Les termes techniques soulignés sont expliqués dans le glossaire.
- **Résumés des Chapitres :** À la fin de chaque chapitre, vous trouverez des résumés concis qui vous donnent un aperçu des points clés.
- **Recommandations Concrètes :** Chaque sous-chapitre se termine par une liste de conseils spécifiques pour vous aider à mettre en pratique ce que vous avez appris.

Matériel bonus supplémentaire sur notre site web

Sur notre site web, nous prévoyons de mettre à votre disposition les documents exclusifs suivants :

- Contenu bonus et chapitres supplémentaires
- Un résumé global compact
- Une version dramatique audio. (En cours de planification)

Le site web est actuellement en construction.

www.SaageBooks.com/fr/construction_durable-bonus-UVTNJJ

Table des matières

- 3. Gestion de la construction
  - 3. 1 Organisation du chantier
    - Planification logistique
    - Gestion des ressources
  - 3. 2 Assurance qualité
    - Documentation
    - Gestion des défauts
  - 3. 3 Coordination
    - Coordination des corps de métier
    - Contrôle des délais
    - Gestion des conflits

1. Planification durable de la construction

Comment un projet de construction peut-il être conçu dès le départ de manière à rester écologiquement et économiquement viable pendant des décennies ? Une planification soignée au début de la phase de projet détermine de manière significative le succès ultérieur de l'ensemble du projet de construction. De la sélection du terrain à l'orientation du bâtiment en passant par le choix des matériaux, de nombreux facteurs interagissent. Une approche réfléchie permet non seulement d'économiser des ressources et des coûts, mais crée également une qualité de vie résidentielle supérieure à long terme. Dans ce chapitre, nous montrerons quelles orientations vous pouvez déjà donner lors de la phase de planification pour un bâtiment durable.

1. 1 Analyse du terrain

L'analyse du terrain constitue le fondement d'une planification de construction durable. La nature du sol et la topographie influencent la statique, le drainage et l'aménagement paysager, tandis que le microclimat et les conditions climatiques déterminent les besoins énergétiques et le confort de vie. La connexion infrastructurelle façonne la mobilité et la qualité de vie. Une analyse minutieuse de ces facteurs évite des erreurs coûteuses et augmente la valeur immobilière. Découvrez ci-dessous comment optimiser le potentiel de votre terrain.

La planification durable de la construction nécessite une analyse globale du terrain, qui prend en compte non seulement la nature du sol et les conditions climatiques, mais aussi la connexion infrastructurelle et l'intégration dans l'infrastructure verte urbaine.

Nature du sol et topographie

La nature du sol et la topographie influencent considérablement la planification et la mise en œuvre de projets de construction durables. La capacité portante du sol détermine le type de fondation et donc la statique du bâtiment. Un sous-sol rocheux offre des conditions différentes d'un sol sablonneux. Ce dernier peut nécessiter des mesures supplémentaires de stabilisation, ce qui affecte les coûts de construction. Le type de sol influence également le drainage du terrain. Les sols argileux retiennent l'eau et peuvent entraîner une saturation, tandis que les sols sablonneux drainent rapidement l'eau. Ces caractéristiques influencent le choix des plantes et l'aménagement des espaces extérieurs. La connaissance de la nature du sol est donc essentielle pour la planification de l'aménagement paysager et le choix des matériaux de construction appropriés. Un niveau élevé de la nappe phréatique peut, par exemple, rendre nécessaires des drainages pour protéger le bâtiment de l'humidité. La topographie, c'est-à-dire la forme de la surface du terrain, influence l'emplacement du bâtiment, l'orientation des installations solaires et les besoins énergétiques. Un terrain en pente peut nécessiter des terrasses ou une fondation spéciale, ce qui peut augmenter les coûts de construction. Les pentes sud offrent des conditions optimales pour l'utilisation de l'énergie solaire, tandis que les pentes nord sont plutôt ombragées et peuvent nécessiter un chauffage plus important. La topographie influence également l'écoulement des eaux de surface. Les dépressions peuvent se remplir d'eau en cas de fortes pluies, tandis que les pentes assurent un drainage rapide. Ces facteurs influencent le choix de l'emplacement du bâtiment et l'aménagement du paysage. L'analyse de la résilience écologique montre que les zones à topographie complexe et à sensibilité écologique élevée sont plus résistantes aux interventions humaines. Une analyse topographique détaillée aide à identifier les problèmes potentiels à un stade précoce et à prendre les mesures appropriées. Par exemple, un positionnement judicieux du bâtiment et un aménagement paysager peuvent minimiser les besoins énergétiques et influencer positivement le microclimat. Un terrain avec une forte pente peut être optimisé par la construction de murs de soutènement ou l'aménagement de terrasses pour créer différents niveaux pour le jardin, l'espace de vie et le potager. La prise en compte des caractéristiques naturelles du terrain permet une intégration harmonieuse du bâtiment dans le paysage et contribue à une gestion durable des ressources. La nature du sol et la topographie sont des facteurs importants pour le choix de l'emplacement et la planification d'un projet de construction durable. Une analyse minutieuse de ces facteurs permet une adaptation optimale du projet de construction aux conditions locales et contribue à une augmentation de la valeur à long terme de la propriété. Un rapport géotechnique fournit des informations détaillées sur la nature du sol et la capacité portante du sol et constitue donc une base importante pour la planification et la mise en œuvre d'un projet de construction. En tenant compte de ces facteurs dès le début, on peut éviter des corrections coûteuses et garantir la durabilité du projet de construction. Une analyse de l'aptitude environnementale géologique peut fournir des informations précieuses sur l'aptitude d'une zone à la construction. Dans les régions à topographie complexe, comme les montagnes karstiques, une telle analyse est particulièrement importante, car les écosystèmes y sont sensibles et l'espace est limité.

Bon à savoir

Drainages

Les drainages évacuent l'excès d'eau du bâtiment et le protègent des dommages causés par l'humidité. Lors de la planification des drainages, des matériaux durables doivent être utilisés et les impacts sur le bilan hydrique du terrain doivent être pris en compte.

Montagnes karstiques

Les montagnes karstiques sont caractérisées par des roches solubles dans l'eau, comme le calcaire. Lors de projets de construction dans ces zones, une prudence particulière est requise, car le sous-sol peut être instable et des cavités ou des effondrements peuvent se produire. Une étude géologique approfondie est indispensable.

Rapport géotechnique

Un rapport géotechnique fournit des informations importantes sur la nature du sol, le niveau de la nappe phréatique et les éventuelles charges résiduelles. Il constitue la base de la planification des fondations et d'autres éléments en contact avec le sol et aide à minimiser les risques et les coûts.

Terrasses

Des terrasses peuvent être aménagées sur des terrains en pente pour créer des surfaces planes pour le jardin ou l'agriculture. Elles offrent la possibilité de créer différents microclimats et de favoriser la biodiversité.

Capacité Portante du Sol vs. Élévation

Corrélation entre la capacité portante du sol et l'élévation sur le site.

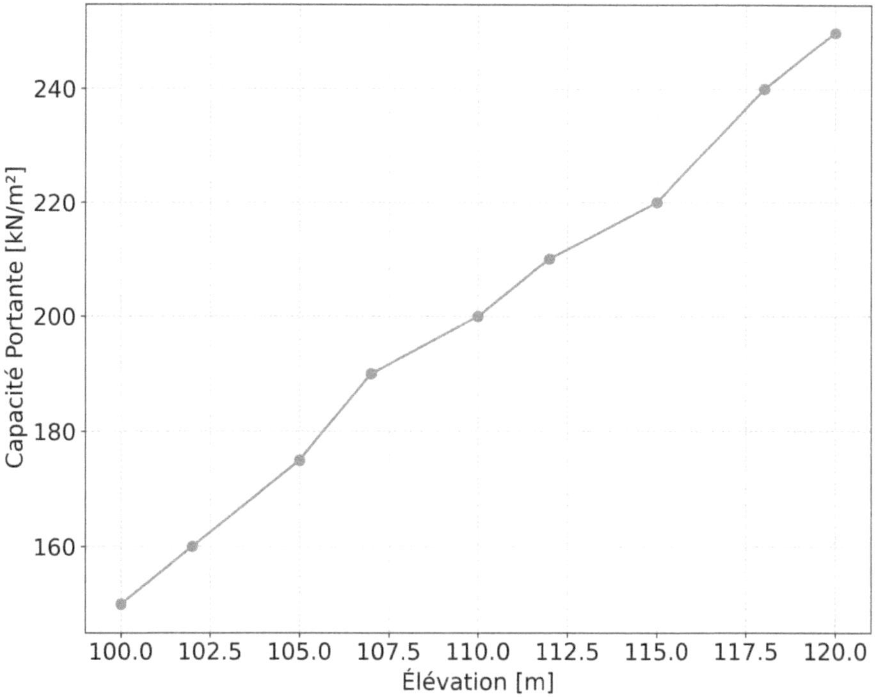

Les élévations plus hautes présentent généralement une capacité portante du sol accrue, suggérant une aptitude pour des structures plus lourdes. Les zones plus basses pourraient nécessiter des techniques d'amélioration du sol pour une stabilité optimale des fondations. Cette corrélation est précieuse pour un placement éclairé des bâtiments et une conception efficace des fondations.

Conditions climatiques

Les conditions climatiques influencent de manière significative les besoins énergétiques et le confort d'un bâtiment et doivent donc être analysées en profondeur lors de la phase de planification. Cela inclut non seulement les variations saisonnières de température, mais aussi les conditions de vent dominantes, l'ensoleillement et les précipitations. Ces facteurs influencent le choix des matériaux de construction, l'isolation du bâtiment, la position et la taille des fenêtres ainsi que la conception des aménagements extérieurs. Des vents forts peuvent par exemple augmenter les pertes de chaleur d'un bâtiment et nécessiter des mesures de protection supplémentaires telles que des haies brise-vent. L'ensoleillement détermine l'utilisation potentielle de l'énergie solaire et influence l'éclairage naturel des pièces. Dans les régions à fort ensoleillement, une surchauffe des pièces en été peut être évitée grâce à des éléments d'ombrage tels que des débordements de toit ou une végétation ciblée. Les précipitations influencent la dimensionnement du système de drainage du toit et la conception du terrain pour éviter les problèmes de ruissellement. Un toit végétalisé peut retenir l'eau de pluie et ainsi soulager le système d'égouts. L'analyse des conditions climatiques comprend également l'étude du microclimat. Celui-ci est influencé par des conditions locales telles que la végétation, la topographie et l'urbanisation. Ainsi, les zones urbaines peuvent par exemple être exposées à des températures plus élevées en raison de l'effet d'îlot de chaleur que les zones rurales environnantes. La prise en compte du microclimat permet une adaptation optimale du bâtiment aux conditions locales et contribue à un climat intérieur confortable. Un exemple en est l'utilisation de la circulation naturelle de l'air pour rafraîchir les pièces en été. En plaçant judicieusement les fenêtres et les portes, un flux d'air naturel peut être créé, refroidissant les pièces sans consommation d'énergie supplémentaire. Les données pour l'analyse climatique peuvent être obtenues à partir de diverses sources. Les stations météorologiques fournissent des données à long terme sur la température, les précipitations, le vent et l'ensoleillement. En outre, des atlas climatiques et des programmes de simulation peuvent être utilisés pour obtenir des informations détaillées sur le climat local. Ces informations constituent la base d'une planification durable des bâtiments, qui minimise les besoins énergétiques et maximise le confort de vie. En outre, les réglementations et directives de construction régionales peuvent également fournir des indications précieuses sur les exigences climatiques des bâtiments. La prise en compte de ces exigences assure non seulement la fonctionnalité et le confort du bâtiment, mais contribue également au respect des réglementations de construction en vigueur. Lors de la planification de l'enveloppe du bâtiment, les conditions climatiques doivent être particulièrement prises en compte. Les murs extérieurs et le toit forment l'interface entre l'intérieur du bâtiment et l'environnement extérieur et doivent donc résister aux contraintes climatiques. Dans les régions à fortes variations de température, une isolation efficace est essentielle pour éviter les pertes de chaleur en hiver et une surchauffe en été. Le choix des matériaux isolants dépend des conditions climatiques et des exigences physiques du bâtiment. L'orientation du bâtiment et la taille et la position des fenêtres jouent également un rôle important pour les besoins énergétiques et le confort de vie. De grandes surfaces vitrées sur le côté sud peuvent permettre l'utilisation passive de l'énergie solaire en hiver, tandis qu'en été, une protection solaire efficace est nécessaire pour éviter une surchauffe. La conception des aménagements extérieurs peut également contribuer au confort climatique. Les arbres et arbustes peuvent servir de pare-soleil naturels et réguler en même temps l'humidité de l'air. L'analyse des conditions climatiques est un élément essentiel de la planification durable des bâtiments. Elle permet une adaptation optimale du bâtiment aux conditions locales et contribue à un habitat économe en énergie et confortable.

Toit végétalisé [i1]

Débord de toit [i2]

Conditions climatiques pour la construction durable

Impact de la température, des précipitations et de l'ensoleillement sur la conception des bâtiments.

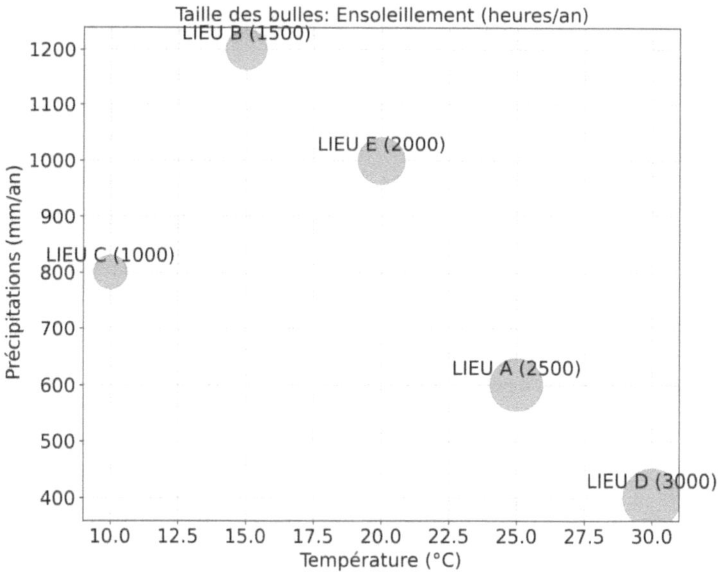

Blasengröße: Ensoleillement (heures/an)

LIEU A: Lieu A

LIEU B: Lieu B

LIEU C: Lieu C

LIEU D: Lieu D

LIEU E: Lieu E

Les sites avec des températures élevées et un ensoleillement abondant sont idéaux pour l'intégration de l'énergie solaire. Les zones à fortes précipitations nécessitent des systèmes de drainage robustes et une étanchéité. Les températures modérées avec un ensoleillement et des précipitations équilibrés pourraient offrir la plus grande flexibilité dans les choix de conception, minimisant les besoins énergétiques tant pour le chauffage que pour le refroidissement.

Connexion infrastructurelle

La connexion infrastructurelle d'un terrain comprend l'accessibilité aux services publics et la connexion au réseau de transport. L'eau, les eaux usées, l'électricité, le gaz et les télécommunications sont essentiels pour l'utilisation d'un bâtiment et doivent être vérifiés lors de l'analyse du terrain. Les raccordements sont-ils déjà présents sur le terrain ou doivent-ils être installés ? Les coûts de viabilisation peuvent varier considérablement selon l'effort requis. La connexion au réseau de transport influence la mobilité des résidents. La proximité des transports publics tels que les bus et les trains réduit la dépendance à la voiture privée et favorise une mobilité durable. La connexion au réseau routier pour la mobilité individuelle doit également être prise en compte. De plus, l'accessibilité aux services de base tels que les écoles, les jardins d'enfants, les commerces et les soins médicaux est pertinente pour la qualité de vie. Un terrain bien connecté offre aux résidents des trajets courts et économise du temps et des ressources. En outre, la connexion à l'infrastructure verte urbaine (UGI) doit être prise en compte. La proximité des parcs, des espaces verts et d'autres zones de loisirs contribue à la qualité de vie et offre des possibilités de détente et de loisirs [s1]. La connexion de ces espaces verts entre eux est cruciale pour leur fonction écologique et leur valeur pour les résidents. Les espaces verts isolés offrent moins d'habitat pour la faune et la flore et sont plus difficiles d'accès pour les gens [s1]. Un terrain à proximité d'un réseau UGI bien connecté bénéficie donc des avantages écologiques et sociaux de la nature urbaine. L'analyse de la connexion peut aider à identifier les faiblesses du réseau UGI et à développer des mesures stratégiques pour améliorer la connexion [s1]. Par exemple, la création de corridors verts ou l'amélioration des liaisons piétonnes peut augmenter l'accessibilité des espaces verts et favoriser la biodiversité.

Eaux usées [i3]

Bon à savoir

Biodiversité

La diversité des plantes et des animaux dans une région. Une biodiversité élevée est un signe d'un écosystème sain et contribue à la stabilité et à la résilience de l'environnement. Lors de l'analyse du terrain, la biodiversité doit être prise en compte pour minimiser les impacts négatifs du projet de construction sur la flore et la faune locales et, le cas échéant, intégrer des mesures pour promouvoir la biodiversité.

Infrastructure

L'infrastructure existante influence la durabilité d'un projet de construction. Une bonne connexion aux transports publics, aux services publics et à l'infrastructure sociale réduit le besoin de mobilité individuelle et minimise l'empreinte écologique.

Connexion infrastructurelle

Distances aux établissements

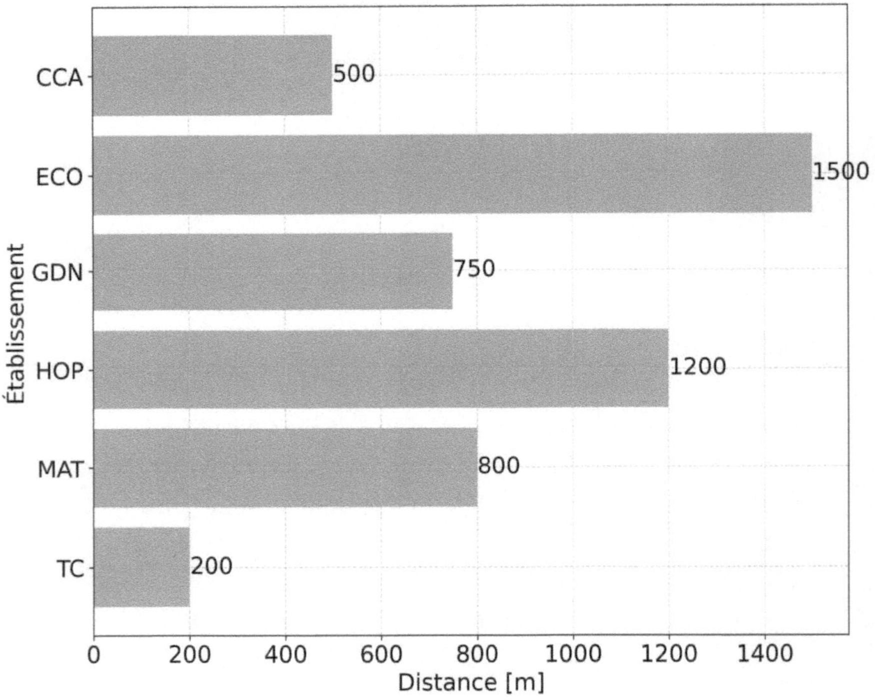

CCA: Centre commercial	ECO: École
GDN: Parc	HOP: Hôpital
MAT: Maternelle	TC: Transport en commun

La proximité des transports en commun et des commerces indique une bonne connexion infrastructurelle, ce qui réduit la nécessité de moyens de transport individuels et favorise la durabilité. La distance légèrement plus grande jusqu'au parc le plus proche pourrait être compensée par la création d'espaces verts au sein du projet de construction.

Conseils concrets

- Évaluez le microclimat de votre terrain en mesurant les différences de température entre les zones ensoleillées et ombragées.
- Utilisez les résultats pour planifier le placement optimal des bâtiments et des plantations afin d'assurer un climat extérieur agréable.
- Élaborez une carte détaillée du sol de votre terrain, qui va au-delà des évaluations de sol habituelles et prend également en compte l'épaisseur de la couche d'humus et le pH.
- Identifiez, sur la base de cette carte, des zones pour des fossés d'infiltration des eaux pluviales qui servent également de biotopes.
- Analysez la topographie de votre terrain pour détecter les plus petites différences de hauteur et modélisez l'écoulement des eaux en cas de fortes pluies.
- Planifiez des surfaces d'infiltration le long des lignes d'écoulement naturelles pour prévenir les inondations et retenir l'eau sur le terrain.
- Examinez la possibilité de collecter les eaux pluviales dans une citerne pour les utiliser pour l'arrosage du jardin ou pour les chasses d'eau.
- Prenez en compte les conditions de vent locales lors de l'analyse du terrain et identifiez des zones abritées pour les terrasses et les espaces de détente.
- Plantez des arbres indigènes adaptés au site comme brise-vent, qui offrent également un habitat pour les insectes et les oiseaux.

1. 2 Structurer le projet de construction

Une approche structurée de la planification temporelle et financière est essentielle au succès des projets de construction durables. De l'étude de faisabilité à la mise en service, de nombreux facteurs influencent le déroulement du projet et les coûts. Une planification insuffisante met en péril non seulement le cadre financier, mais aussi l'atteinte des objectifs de durabilité. L'intégration des aspects de durabilité dans la planification des processus et des coûts nécessite une définition précoce de critères mesurables et la prise en compte des coûts à long terme tels que l'exploitation et le démantèlement. Des outils numériques tels que le BIM et l'IoT offrent des possibilités d'optimisation et de contrôle précis du processus de construction. Découvrez dans ce chapitre comment structurer votre projet de construction et poser les bases d'un bâtiment réussi et durable.

La durabilité dans la construction nécessite une intégration précoce et continue des critères de durabilité dans la planification temporelle, des études de faisabilité jusqu'à la mise en service et au-delà.

Planification chronologique

La planification chronologique constitue l'épine dorsale de tout projet de construction et influence de manière significative son succès et sa durabilité. Dès les premières phases de planification, à commencer par études de faisabilité, la dimension temporelle doit être intégrée pour garantir la durabilité tout au long du cycle de vie du projet [s2]. Une approche structurée qui prend en compte les aspects de durabilité dès le départ est essentielle pour la mise en œuvre réussie [s2]. L'implication des parties prenantes et la réalisation d'études de durabilité améliorent la sécurité de la planification [s2]. Un système d'évaluation uniforme pour la durabilité dans les projets peut également soutenir l'intégration des critères de durabilité dans la planification chronologique [s2]. L'évaluation de la durabilité doit être intégrée à toutes les phases de planification pour garantir l'atteinte des objectifs de durabilité tout au long du projet [s2]. Dans la pratique, cela signifie notamment définir tôt des objectifs clairs pour la durabilité et les traduire en critères mesurables. Par exemple, un objectif pourrait être la réduction des émissions de CO2 d'un certain pourcentage. Cela entraîne des mesures concrètes pour la planification chronologique, telles que le choix de matériaux de construction à faibles émissions ou l'optimisation de la logistique de transport. La planification détaillée du temps de construction dans le modélisation de l'information du bâtiment (BIM) nécessite une modélisation 3D structurée hiérarchiquement [s3]. La planification du flux de travail doit tenir compte des contraintes de ressources et des installations temporaires sur le chantier [s3]. Les activités dans la planification du temps de construction devraient être divisées en opérations de travail individuelles. Cela permet une disposition dynamique du chantier [s3]. Les logiciels 4D-BIM sont particulièrement adaptés aux phases de mobilisation et de construction, car ils créent des mises en page dynamiques qui tiennent compte de la durée réelle d'utilisation des installations et équipements temporaires [s3]. La planification du chantier peut être divisée en trois étapes : placement des installations temporaires et des zones de stockage, définition du calendrier pour la planification chronologique et attribution des ressources, ainsi que création d'une mise en page dynamique du chantier dans l'environnement BIM [s3]. Chaque activité dans la planification détaillée du temps de construction devrait être représentée comme une opération de travail pour permettre la simulation des mouvements de machines et du transport de matériaux [s3]. Un exemple en est la planification détaillée du coulage d'une fondation, y compris la livraison, l'installation et le traitement ultérieur, en tenant compte des machines et de la main-d'œuvre nécessaires. La technologie BIM permet d'identifier précisément les points critiques dans le déroulement de la construction [s4]. Les plateformes de gestion basées sur BIM et SIG améliorent la communication et la coordination dans la gestion de projet [s4]. Les simulations de construction 4D visualisent dynamiquement le déroulement de la construction et aident à détecter les problèmes tôt [s4]. La simulation de la disposition du chantier optimise la préparation de la construction et l'efficacité de l'organisation des tâches [s4]. De plus, les technologies IoT peuvent soutenir la surveillance et la gestion des équipements, du personnel et des matériaux sur le chantier [s4]. L'intégration précoce de ces outils numériques dans la planification chronologique aide à éviter les conflits potentiels et à améliorer l'efficacité du processus de construction.

Définir le cadre budgétaire

La définition d'un cadre budgétaire réaliste est essentielle pour les projets de construction, en particulier lorsque des aspects de durabilité sont intégrés. Une planification budgétaire détaillée, qui prend en compte toutes les phases du processus de construction, de la planification à l'exécution jusqu'à l'exploitation, minimise les risques financiers. Il ne faut pas seulement considérer les coûts d'investissement initiaux, mais aussi les coûts d'exploitation à long terme, y compris l'entretien et le démantèlement, dans le calcul [s5]. Cette prise en compte des coûts du cycle de vie met en évidence le bénéfice économique à long terme des méthodes de construction durables. Un bâtiment avec une haute efficacité énergétique, par exemple, entraîne des coûts de chauffage plus faibles sur toute la durée d'utilisation, ce qui compense les investissements initiaux plus élevés dans l'isolation ou les technologies domestiques innovantes. De plus, des programmes de subvention gouvernementaux, tels que des subventions pour les énergies renouvelables ou des allégements fiscaux pour la construction économe en énergie, peuvent influencer positivement le cadre budgétaire et améliorer la rentabilité des méthodes de construction durables [s5]. Une recherche précoce et la prise en compte de ces possibilités de subvention dans la planification financière sont donc recommandées. En outre, un cadre budgétaire flexible permet de réagir à des événements imprévus ou à de nouvelles technologies sans compromettre l'ensemble du budget. Par exemple, au cours du projet, des matériaux innovants, rentables et durables pourraient arriver sur le marché, dont l'utilisation serait rendue possible par une marge dans le budget. Une planification budgétaire transparente et détaillée crée la confiance entre toutes les parties prenantes et constitue la base d'une mise en œuvre réussie et durable du projet de construction.

Matériaux durables [i4]

Bon à savoir

Coûts d'investissement

Les coûts d'investissement sont les coûts liés à l'acquisition ou à la construction de biens durables, tels que des bâtiments. Dans le contexte de la construction durable, les coûts d'investissement dans des technologies économes en énergie ou des matériaux durables doivent être mis en balance avec les économies à long terme résultant de coûts d'exploitation réduits.

Coûts du cycle de vie

Les coûts du cycle de vie englobent tous les coûts engagés tout au long du cycle de vie d'un bâtiment, de la planification et de la construction à l'exploitation et à l'entretien, jusqu'au démantèlement et à l'élimination. Dans le cadre de la construction durable, les coûts du cycle de vie jouent un rôle important, car ils aident à évaluer la rentabilité à long terme des mesures durables.

Programmes de subvention

Les programmes de subvention sont des initiatives gouvernementales ou privées qui offrent un soutien financier pour des projets spécifiques, par exemple pour l'utilisation d'énergies renouvelables ou la rénovation énergétique des bâtiments. Dans le cadre de la construction durable, les programmes de subvention peuvent contribuer à réduire les coûts d'investissement et à améliorer la rentabilité des mesures durables.

Répartition des coûts pour un projet de maison durable

Illustre la répartition typique des coûts pour la construction d'une maison écologique.

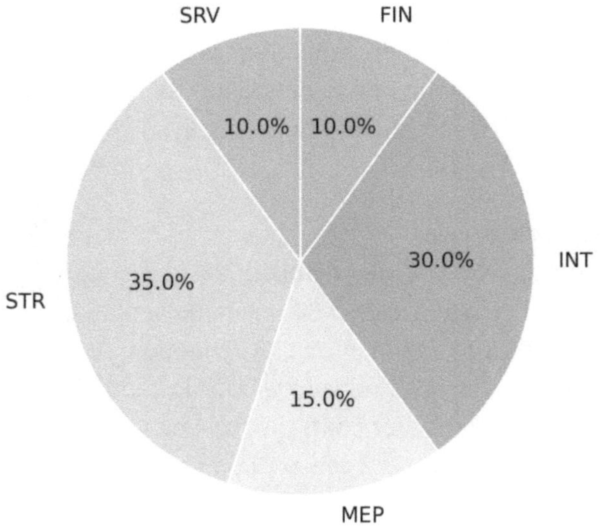

FIN: Finitions (Peinture, Aménagement paysager)
MEP: MEP (Mécanique, Électrique, Plomberie)
STR: Structure (Structure, Isolation, Toiture)
INT: Travaux intérieurs (Murs, Sols, Accessoires)
SRV: Services (Architecture, Ingénierie, Permis)

Les plus grandes parts du budget sont consacrées à la structure et aux travaux intérieurs, soulignant l'importance d'une planification minutieuse et du choix des matériaux dans ces domaines pour maximiser l'efficacité et minimiser les coûts. Bien que les services et les finitions représentent des parts plus petites, ils sont cruciaux pour l'achèvement et la qualité globale du projet. L'optimisation des coûts dans chaque segment contribue à la réussite d'un projet de construction durable.

Conseils concrets

- Définissez des objectifs de durabilité clairs pour votre projet de construction, qui vont au-delà des exigences légales.
- Élaborez un calendrier détaillé qui prend en compte toutes les phases du projet de construction, de la planification à la démolition.
- Intégrez dans votre calendrier des marges de manœuvre pour les événements imprévus et des solutions innovantes.
- Impliquez dès le début tous les acteurs pertinents, tels que les artisans et les fournisseurs de matériaux, dans la planification.
- Utilisez des outils numériques comme le BIM pour simuler le processus de construction et optimiser les flux de matériaux.
- Développez un système de construction modulaire qui permet des ajustements et des extensions flexibles au fil du temps.
- Priorisez l'utilisation de matériaux de construction régionaux et renouvelables avec de courtes distances de transport.
- Planifiez la réutilisation des matériaux de construction et la démolition sélective dès le départ.
- Prenez en compte l'ensemble du cycle de vie du bâtiment, y compris l'exploitation et la démolition, dans votre planification des coûts.
- Créez des incitations pour des actions durables de la part de tous les participants, par exemple par des primes.
- Documentez votre processus de construction durable de manière transparente et partagez vos expériences avec d'autres.

Révision - 1. Planification durable de la construction

La planification durable de la construction est plus qu'une simple tendance – elle constitue la base d'une construction responsable et viable pour l'avenir. Le chemin vers un bâtiment véritablement durable commence bien avant le premier coup de pelle et nécessite une approche holistique qui prend en compte les aspects écologiques, économiques et sociaux de manière égale. De l'analyse du site à la sélection des matériaux, en passant par l'exécution des travaux et l'exploitation ultérieure – chaque étape offre l'opportunité d'intégrer des principes durables et de contribuer positivement à l'environnement et à la société. Il est essentiel d'analyser les spécificités de chaque projet et de développer des solutions sur mesure.

Un aspect central de la planification durable de la construction est l'analyse minutieuse du terrain. Prenez en compte la nature du sol et la topographie pour garantir le placement optimal du bâtiment et l'utilisation efficace des ressources naturelles. Un rapport de sol vous fournira des informations précieuses sur la portance du sol et vous aidera à identifier les risques potentiels dès le départ. Pensez également aux conditions climatiques : exploitez l'ensoleillement pour des gains solaires passifs, minimisez les besoins énergétiques grâce à une isolation optimale et tenez compte du microclimat pour créer un cadre de vie agréable. L'accessibilité des infrastructures joue également un rôle important. Des trajets courts vers les transports publics, les commerces et les espaces verts favorisent une mobilité durable et améliorent la qualité de vie des habitants.

La planification temporelle et financière est un autre facteur clé pour le succès de votre projet de construction durable. Définissez dès le départ des objectifs de durabilité clairs et traduisez-les en critères mesurables. Intégrez les aspects de durabilité dès le début dans votre planification et utilisez des outils numériques tels que le Modélisation de l'information du bâtiment (BIM) pour optimiser le processus de construction et éviter les conflits potentiels. Établissez un budget réaliste qui prenne en compte non seulement les coûts d'investissement, mais aussi les coûts d'exploitation à long terme, y compris l'entretien et le démantèlement. Renseignez-vous sur les programmes de subvention qui peuvent vous offrir un soutien financier.

La mise en œuvre d'une planification durable de la construction peut sembler complexe à première vue. Cependant, les défis peuvent être surmontés grâce à une planification soignée et à la bonne approche. Ne les considérez pas comme des obstacles, mais comme des opportunités de développer des solutions innovantes et de créer une véritable valeur ajoutée. Car construire durablement n'est pas seulement un investissement dans l'avenir, mais aussi une expression de responsabilité envers les générations futures. Construisez avec vision et façonnez des espaces de vie qui soient écologiquement, économiquement et socialement durables.

2. Architecture durable

"Comment pouvons-nous construire des maisons qui ne sont pas seulement

2. 1 Conception du bâtiment

"La conception des bâtiments jette les bases d'une architecture durable. La forme du bâtiment, la répartition des espaces et l'utilisation de la lumière naturelle influencent de manière significative les besoins énergétiques et le bien-être des occupants. Des volumes compacts minimisent les pertes de chaleur, tandis qu'une répartition réfléchie des espaces augmente l'efficacité énergétique et le confort. L'utilisation optimale de la lumière du jour réduit non seulement les besoins

Dans le concept de bâtiment durable, une forme de construction compacte, une orientation optimale du bâtiment et une utilisation intelligente de la lumière du jour fusionnent en une unité économe en énergie et confortable.

Forme de construction écoénergétique

La forme de construction d'un bâtiment influence de manière significative ses besoins énergétiques. Les volumes compacts présentent une surface extérieure plus faible par rapport à leur volume, minimisant ainsi les pertes de chaleur à travers la enveloppe du bâtiment. Un cube, par exemple, a une surface plus petite qu'un volume allongé pour un même volume. Cette réduction de la surface de l'enveloppe diminue les besoins énergétiques pour le chauffage en hiver et le refroidissement en été. En plus de la forme de base, les extensions, les saillies et les avancées jouent également un rôle. Elles augmentent la surface et, par conséquent, les pertes d'énergie. Il est donc important de veiller à une enveloppe de bâtiment aussi compacte que possible pour optimiser l'efficacité énergétique. L'orientation du bâtiment par rapport au soleil influence également le bilan énergétique. Les façades orientées au sud reçoivent plus d'énergie solaire, qui peut être utilisée passivement pour le chauffage des espaces. De grandes surfaces vitrées au sud maximisent le gain d'énergie solaire, tandis que des fenêtres plus petites au nord minimisent les pertes de chaleur. Un surplomb ou un dispositif de protection solaire extérieur empêche une surchauffe des pièces en été. La combinaison d'une forme de construction compacte et d'une orientation optimale du bâtiment réduit considérablement les besoins énergétiques et contribue à un concept de bâtiment durable. Des

Nid d'abeille [i5]

Enveloppe du bâtiment [i6]

modèles de la nature, comme la structure en nid d'abeille d'une ruche, qui offre à la fois stabilité et utilisation optimale de l'espace, peuvent également inspirer des formes de construction écoénergétiques. La plupart des études sur les approches biomimétiques se concentrent, tout comme les approches conventionnelles, sur l'enveloppe du bâtiment pour contrôler des facteurs environnementaux tels que la ventilation, l'humidité et la chaleur. L'intégration de principes naturels dans la planification permet des solutions innovantes et durables pour la conception des bâtiments. Lechner, N. (2009). *Conception de maisons*. Birkhäuser. Konya, A. (2007). *Guide de conception pour les climats chauds*. Architectural Press. https://www.researchgate.net/publication/359238431_Biomimicry_in_Architecture_A_State-of-the-Art_Review_on_Buildings'Performance

Oriel [i7]

Bon à savoir

Biomimétique

La biomimétique, également connue sous le nom de bionique, est une approche qui s'inspire de la nature pour développer des solutions innovantes et durables en matière de design et de technologie. En architecture, cela peut signifier l'utilisation de formes, de matériaux et de processus naturels pour améliorer l'efficacité énergétique, le confort et l'esthétique des bâtiments.

Efficacité énergétique

L'efficacité énergétique des bâtiments signifie minimiser les besoins énergétiques pour le chauffage, le refroidissement, l'éclairage et d'autres fonctions, sans compromettre le confort ou la fonctionnalité. Cela contribue à réduire l'impact environnemental et à diminuer les coûts d'exploitation.

Énergie solaire

L'énergie solaire peut être utilisée passivement grâce à l'orientation du bâtiment et à la disposition des fenêtres pour chauffer les espaces et réduire le besoin d'éclairage artificiel. Les systèmes solaires actifs, tels que la thermie solaire et le photovoltaïque, convertissent l'énergie solaire en chaleur ou en électricité.

Consommation d'énergie vs. Forme du bâtiment

Impact de la forme du bâtiment sur la performance énergétique.

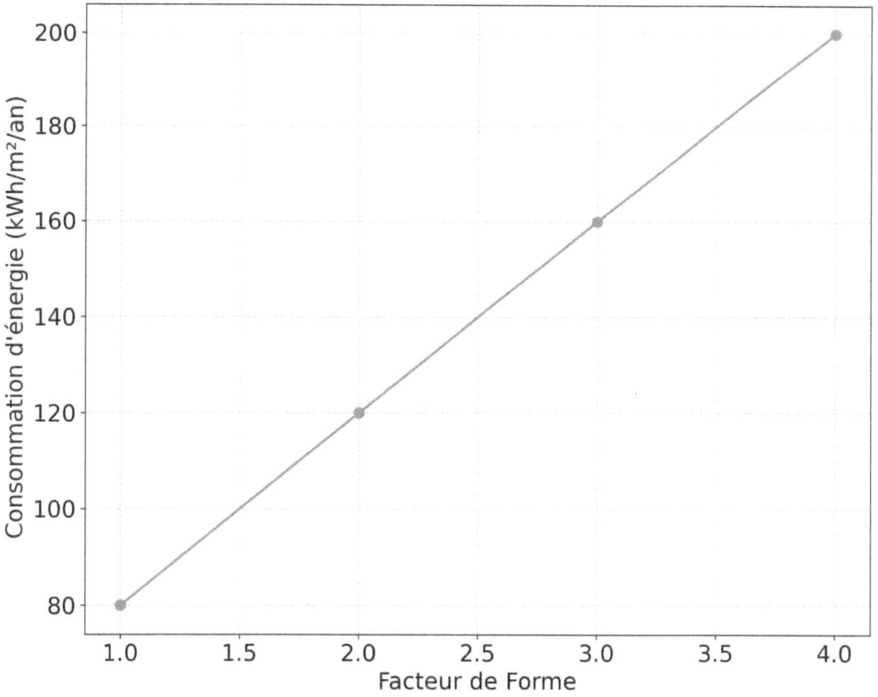

Les formes de bâtiment compactes démontrent généralement une consommation d'énergie plus faible en raison de la réduction de la surface exposée aux éléments externes. Les formes plus complexes, tout en offrant potentiellement d'autres avantages, ont tendance à avoir des demandes énergétiques accrues pour le chauffage et le refroidissement. L'équilibre optimal dépend des conditions climatiques spécifiques et des stratégies de conception.

Répartition et orientation des pièces

La répartition et l'orientation des pièces influencent fortement le bien-être et la fonctionnalité d'un bâtiment. Une disposition réfléchie des espaces favorise non seulement la qualité de vie des occupants, mais contribue également à l'efficacité énergétique en évitant des trajets inutiles et, par conséquent, la consommation d'énergie pour l'éclairage et la climatisation. La conception devrait permettre une navigation intuitive et faciliter l'orientation à l'intérieur du bâtiment. Des trajets courts entre les zones fréquemment utilisées, comme la cuisine, le salon et la salle à manger, optimisent les routines quotidiennes. Une zonage claire – par exemple, la séparation des zones de repos et de travail – soutient un travail concentré et des phases de repos réparatrices. Dans les immeubles collectifs ou les bâtiments publics, des escaliers et des ascenseurs facilement accessibles améliorent la accessibilité et favorisent l'interaction sociale. La connexion visuelle entre différentes zones peut également améliorer l'orientation. Ainsi, un couloir central offrant des aperçus des pièces adjacentes peut faciliter la navigation. [s6] Un concept d'espace bien pensé prend également en compte les besoins des personnes ayant des exigences particulières. Les personnes atteintes de troubles du spectre autistique bénéficient d'une structure spatiale claire et de possibilités de retrait. [s6] Une conception accessible avec des surfaces de mouvement suffisantes et des commandes facilement accessibles est bénéfique pour les personnes ayant des limitations physiques. L'intégration d'aspects adaptés aux personnes âgées, tels que des transitions sans seuil et des revêtements de sol antidérapants, augmente le confort de vie et la sécurité des personnes âgées. [s7] En tenant compte de ces aspects lors de la phase de planification, il est possible de créer un bâtiment qui répond aux besoins de tous les utilisateurs et offre confort et fonctionnalité à long terme.

Ascenseur [i8]

cage d'escalier [i9]

Bon à savoir

Accessibilité

L'accessibilité dans le concept de bâtiment signifie que toutes les personnes, indépendamment de leurs capacités physiques, peuvent utiliser le bâtiment sans restriction. Cela contribue à l'inclusion sociale et augmente la valeur de la propriété.

Adapté aux personnes âgées

Un concept de bâtiment adapté aux personnes âgées prend en compte les besoins des personnes âgées, tels que des transitions sans seuil, des sols antidérapants et des équipements faciles à utiliser, afin de permettre un logement sûr et confortable à un âge avancé et de réduire la nécessité de rénovations ultérieures.

Zonage

Dans la conception du bâtiment, le zonage aide à séparer différentes zones selon leur fonction (par exemple, zones de vie, de sommeil, de travail) et ainsi optimiser les besoins énergétiques pour le chauffage, le refroidissement et l'éclairage.

Répartition des Pièces pour un Bâtiment Durable

Distribution de l'espace dans un concept de bâtiment durable.

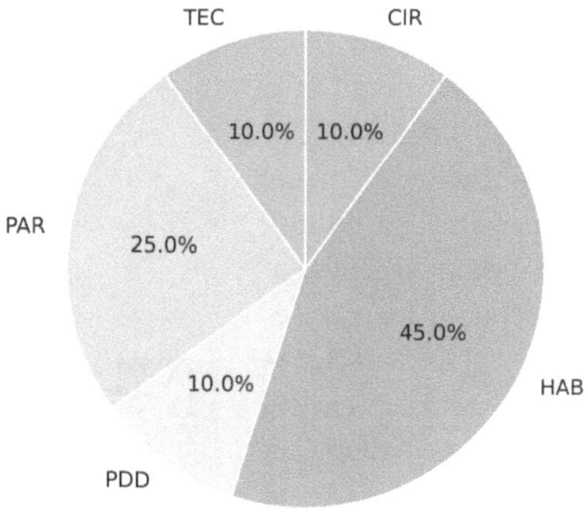

CIR: Circulation (Couloirs, Escaliers)

HAB: Zones d'Habitation (Chambres, Salon, Cuisine)

PAR: Espaces Partagés (Salle Commune, Atelier, Buanderie)

PDD: Caractéristiques Durables (Toit Vert, Panneaux Solaires)

TEC: Zones Techniques (Salle Mécanique, Stockage)

La plus grande partie de l'espace est dédiée aux zones d'habitation, soulignant l'importance d'environnements intérieurs confortables et sains dans la conception durable. Une allocation importante aux espaces partagés favorise l'interaction communautaire et l'efficacité des ressources. Bien que les zones de circulation et techniques soient essentielles, leur empreinte minimisée reflète une disposition optimisée du bâtiment. L'espace dédié aux caractéristiques durables du bâtiment souligne l'engagement envers une conception respectueuse de l'environnement et une gestion des ressources.

Utilisation de la lumière du jour

L'utilisation de la lumière du jour contribue de manière significative au confort et à la consommation d'énergie d'un bâtiment. Grâce à un agencement et à une dimensionnement judicieux des fenêtres et d'autres éléments transparents, il est possible de réduire considérablement le besoin d'éclairage artificiel et ainsi d'économiser sur les coûts énergétiques. Les surfaces vitrées orientées au sud captent la majeure partie de l'énergie solaire et offrent des gains de chaleur passifs en hiver [s8]. En revanche, en été, un excès de lumière solaire peut entraîner une surchauffe. À cet égard, des dispositifs de protection solaire extérieurs tels que des stores ou des volets roulants peuvent apporter une solution et garantir un climat intérieur agréable. Les lucarnes, par exemple dans les couloirs ou les escaliers, réduisent également le besoin d'éclairage et créent une atmosphère lumineuse et accueillante [s8]. L'utilisation de la lumière du jour influence non seulement la consommation d'énergie, mais aussi le bien-être des occupants. Des études montrent que la lumière naturelle favorise la concentration, réduit le stress et a un impact positif sur l'humeur [s8]. Un concept de lumière du jour bien planifié prend donc en compte à la fois les aspects énergétiques et sanitaires, contribuant ainsi à un bâtiment durable et confortable. L'intégration d'éléments de design biophiles tels que des cours intérieures végétalisées, visibles grâce à de grandes surfaces

Stores [i10]

Lucarnes [i11]

vitrées, peut renforcer l'effet positif de la lumière du jour et offrir aux utilisateurs une sensation d'espace proche de la nature [s8]. Par exemple, des bureaux avec de grandes fenêtres donnant sur la verdure peuvent augmenter la productivité des employés tout en minimisant la consommation d'énergie pour l'éclairage artificiel.

Dispositifs de protection solaire [i12]

Bon à savoir

Dispositifs de protection solaire

Éléments tels que des stores, des volets roulants, des auvents ou des écrans, qui servent à contrôler l'entrée de la lumière solaire dans un bâtiment et à éviter la surchauffe. Ils contribuent à réduire le besoin de refroidissement et à garantir un climat intérieur agréable.

Éléments de design biophiles

Éléments de conception qui favorisent la connexion de l'homme avec la nature dans l'environnement construit. Des exemples incluent des murs végétalisés, des éléments d'eau ou l'utilisation de matériaux naturels. Ils contribuent à améliorer le bien-être et la santé.

Lumière solaire

La quantité d'énergie solaire qui pénètre dans un bâtiment par les fenêtres et d'autres éléments transparents. Un facteur important pour le chauffage solaire passif en hiver, mais qui peut entraîner une surchauffe en été et doit être régulé par des mesures appropriées.

Autonomie en Éclairage Naturel dans la Conception des Bâtiments

Niveaux d'Éclairement par Type de Pièce

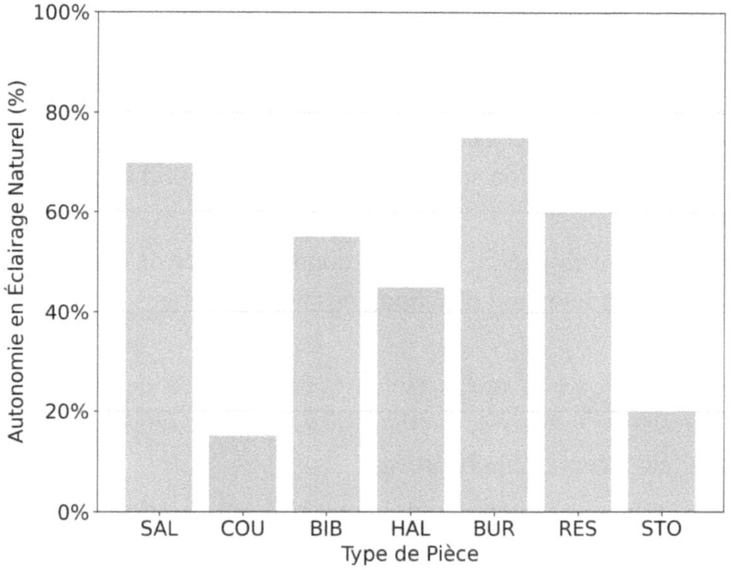

BIB: Bibliothèque

BUR: Bureau

COU: Couloir

HAL: Hall

RES: Résidentiel

SAL: Salle de Classe

STO: Stockage

Ce graphique met en évidence les différents niveaux d'autonomie en éclairage naturel atteints dans différents types de pièces. Les espaces comme les bureaux et les salles de classe démontrent une forte autonomie en éclairage naturel, suggérant des stratégies de conception efficaces pour l'utilisation de la lumière naturelle. À l'inverse, les zones telles que les locaux de stockage et les couloirs présentent une autonomie plus faible, indiquant un besoin potentiel d'augmentation de l'éclairage naturel ou de solutions d'éclairage artificiel optimisées. Les données soulignent l'importance de prendre en compte la fonction de la pièce et les modèles d'occupation lors de la conception de l'éclairage naturel pour minimiser la consommation d'énergie et améliorer le bien-être des occupants.

Conseils concrets

- Pensez à intégrer des jardins verticaux sur les façades lors de la conception des bâtiments, afin d'améliorer l'isolation thermique et d'augmenter la qualité de l'air.
- Concevez des structures spatiales flexibles qui peuvent facilement s'adapter aux besoins changeants grâce à des cloisons mobiles.
- Prévoyez des espaces communs et des terrasses sur le toit pour favoriser l'interaction sociale des résidents et optimiser l'utilisation de l'espace.
- Utilisez l'enveloppe du bâtiment comme surface de production d'énergie en intégrant des modules photovoltaïques dans la façade ou le toit.
- Réfléchissez à la manière d'intégrer des systèmes de ventilation naturelle par le biais de capteurs de vent ou d'effets de cheminée dans la conception du bâtiment.
- Optez pour des matériaux innovants tels que l'argile ou le chanvre, qui créent un climat intérieur sain et réduisent l'empreinte écologique.
- Développez un concept de collecte et d'utilisation des eaux pluviales dans le bâtiment, par exemple pour l'irrigation de la végétation intérieure.
- Intégrez des toilettes compostables dans votre concept de bâtiment pour minimiser la consommation d'eau et récupérer des nutriments.
- Prévoyez des espaces pour l'agriculture urbaine afin de permettre aux résidents de cultiver leurs propres aliments.

2. 2 Choix des matériaux

"Le choix des matériaux influence de manière significative le bilan écologique et économique

Pour une construction durable, il est essentiel de considérer l'ensemble du cycle de vie des matériaux, de l'extraction à l'utilisation, jusqu'à l'élimination ou le recyclage.

Matériaux de construction écologiques

Les matériaux de construction écologiques se distinguent par leur faible impact environnemental tout au long de leur cycle de vie – de l'extraction des matières premières à la fabrication, l'utilisation, jusqu'à la démolition et l'élimination. Divers facteurs jouent un rôle dans ce processus. Le choix doit prendre en compte la durabilité et la résistance des matériaux afin de minimiser la consommation de ressources et de maximiser la durée de vie du bâtiment [s9]. Par exemple, un toit durable en ardoise provenant de la région peut durer des générations et nécessite moins de réparations et de remplacements que d'autres matériaux. La possibilité de démontage et de réutilisation des éléments à la fin de leur cycle de vie est également un critère important pour la construction écologique [s9]. Ainsi, les matériaux peuvent être triés et réutilisés dans de nouveaux projets de construction, ce qui réduit le besoin en nouvelles ressources. La régionalité des matériaux de construction influence les itinéraires de transport et donc les émissions de CO_2. Des trajets de transport courts réduisent l'impact environnemental et favorisent l'économie locale [s9]. Le recyclage joue également un rôle crucial. En réutilisant les matériaux de construction, on réduit le besoin en nouvelles matières premières tout en minimisant la quantité de déchets [s9]. Un exemple en est l'utilisation de béton recyclé comme granulats pour du nouveau béton. Les émissions des

Démontage [i13]

Ardoise [i14]

matériaux de construction, tant lors de leur fabrication que pendant leur utilisation, peuvent affecter la santé des occupants [s9]. Le choix de matériaux à faibles émissions contribue à un climat intérieur sain. Le bois, par exemple, a un potentiel de réchauffement global inférieur à celui de l'acier ou du béton [s10]. L'acier, quant à lui, se classe également favorablement par rapport à certains autres matériaux [s10]. Les coûts du cycle de vie, qui incluent non seulement les coûts d'acquisition, mais aussi les coûts d'entretien, de démolition et d'élimination, constituent un autre aspect important dans l'évaluation de l'impact écologique des matériaux de construction [s9]. Une analyse du cycle de vie (ACV) peut aider à comparer les impacts environnementaux de différents matériaux tout au long de leur cycle de vie et à prendre des décisions éclairées [s9] [s10]. Les impacts sont analysés à différentes étapes, de l'extraction des matières premières au transport, jusqu'à l'élimination [s10]. Cela permet d'optimiser le choix des matériaux et d'atteindre les objectifs de durabilité de votre projet de construction.

Bon à savoir

Analyse du cycle de vie

L'analyse du cycle de vie (ACV) est une méthode d'évaluation des impacts environnementaux d'un produit, d'un processus ou d'un système tout au long de son cycle de vie. Dans la construction durable, l'ACV sert d'outil important pour la prise de décision concernant le choix des matériaux et l'optimisation de l'impact écologique.

Durabilité

Dans la construction durable, la durabilité fait référence à la capacité d'un matériau à remplir sa fonction pendant une longue période sans nécessiter de réparations ou de remplacement. Les matériaux durables réduisent la consommation de ressources et minimisent l'impact environnemental des mesures d'entretien.

Potentiel de réchauffement global

Le potentiel de réchauffement global (PRG) est une mesure de l'impact d'une substance sur l'effet de serre. Dans la construction durable, on privilégie les matériaux à faible PRG pour minimiser les impacts sur le changement climatique.

Bilan écologique des matériaux de construction

Comparaison de l'impact environnemental de différents matériaux de construction.

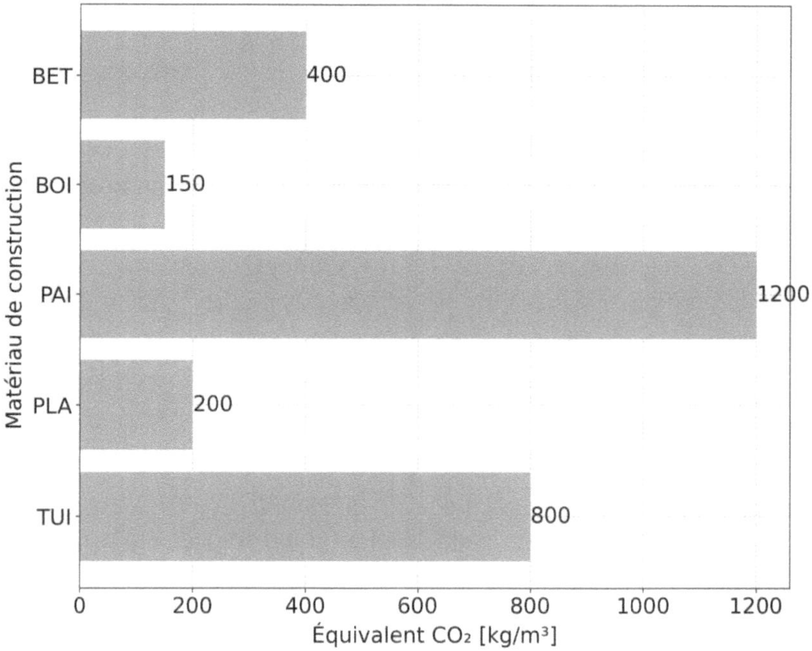

BET: Béton
BOI: Bois
PAI: Paille
PLA: Acier
TUI: Tuile

Le diagramme à barres horizontales illustre l'impact environnemental de différents matériaux de construction en termes d'émissions de gaz à effet de serre. Le bois et la paille se caractérisent par des émissions nettement plus faibles, tandis que le béton et l'acier ont une empreinte écologique plus importante. Le choix du matériau de construction a donc une influence considérable sur la durabilité d'un projet de construction.

Matériaux régionaux

Les matériaux de construction régionaux réduisent les distances de transport, ce qui diminue les coausstoss et la pollution environnementale dans l'ensemble [s11]. En même temps, l'utilisation de ressources locales renforce l'économie locale. Cependant, la disponibilité des matériaux régionaux est cruciale pour leur utilisation et doit être considérée dans le contexte des exigences spécifiques du projet [s11]. Par exemple, un projet de construction dans une région boisée peut bénéficier de l'utilisation d'essences de bois locales, tandis que dans d'autres régions, la pierre naturelle ou les gisements d'argile influencent le choix des matériaux. Une analyse précoce des ressources disponibles localement et de leur adéquation pour le projet de construction prévu est essentielle. Une telle analyse devrait prendre en compte les propriétés spécifiques des matériaux, les quantités nécessaires et les possibilités logistiques d'approvisionnement. Grâce à une planification et un choix ciblés, les matériaux régionaux peuvent contribuer de manière significative à la durabilité dans le secteur de la construction. L'approvisionnement en matières premières représente souvent la phase ayant le plus grand impact environnemental dans le cycle de vie d'un matériau [s12]. Le choix conscient de matériaux régionaux peut réduire considérablement ces impacts en minimisant les distances de transport. De plus, le choix de matériaux régionaux peut engendrer des effets sociaux et culturels positifs [s13], qui vont au-delà du simple bilan environnemental et contribuent à l'identité régionale et à la création de valeur. Pour optimiser la prise de décision lors du choix des matériaux, des outils et méthodes spécifiques peuvent être utilisés [s13]. Par exemple, le processus hiérarchique analytique (AHP) peut aider à évaluer systématiquement la multitude de critères, tels que la régionalité, la recyclabilité et les valeurs d'émission, et à faire un choix éclairé [s13].

Impact environnemental [i15]

Bon à savoir

Processus hiérarchique analytique

Le processus hiérarchique analytique (AHP) est une méthode de structuration et d'évaluation de problèmes décisionnels complexes. Dans le contexte du choix des matériaux, l'AHP peut être utilisé pour pondérer différents critères tels que les coûts, la compatibilité environnementale et les caractéristiques techniques afin de trouver la solution optimale.

Pollution environnementale

La pollution environnementale due aux matériaux de construction comprend, en plus des émissions de CO2, des facteurs tels que la consommation de ressources, la pollution des eaux et des sols, ainsi que les impacts sur la biodiversité. Lors du choix de matériaux durables, il convient de privilégier les matériaux ayant une pollution environnementale aussi faible que possible.

Matériaux régionaux pour la construction durable

Disponibilité, coût et distance de transport des matériaux de construction régionaux.

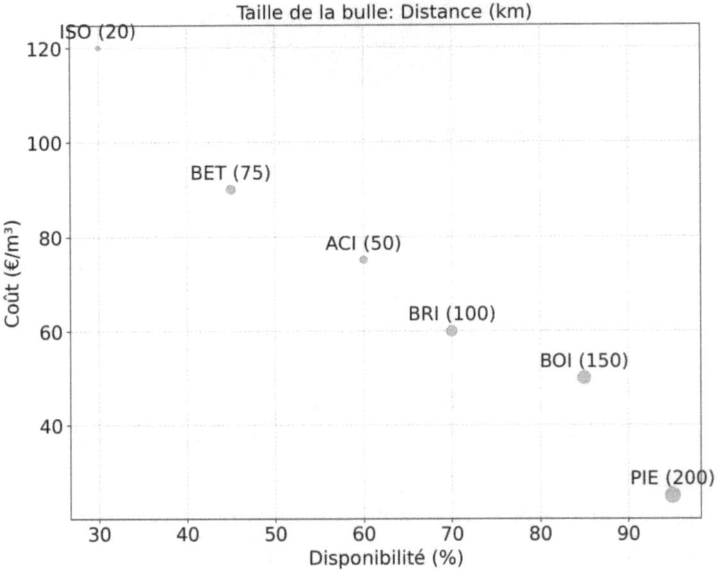

Blasengröße: Distance (km)

ACI: Acier (Recyclé)

BET: Béton (Faible en ciment)

BOI: Bois (Local)

BRI: Briques (Argile)

ISO: Isolation (Chanvre)

PIE: Pierre (Régionale)

Le graphique révèle les compromis entre la disponibilité des matériaux, le coût et la distance de transport. Les matériaux à haute disponibilité ont tendance à avoir des coûts plus bas mais peuvent impliquer des distances de transport plus longues. À l'inverse, certains matériaux peu disponibles ont des coûts plus élevés et des distances de transport plus courtes, potentiellement en raison d'une production spécialisée ou de la rareté. L'optimisation de la sélection des matériaux nécessite d'équilibrer ces facteurs pour minimiser l'impact environnemental et les dépenses du projet.

Composants recyclables

Les composants recyclables prennent de plus en plus d'importance dans la construction durable. L'accent est mis sur le retour des matériaux dans le cycle des matières à la fin de leur durée d'utilisation. Cela réduit le besoin en nouvelles matières premières et minimise les déchets, conformément à l'objectif de prévention des déchets dans le processus de construction [s14]. En plus de la simple recyclabilité, d'autres aspects jouent un rôle important dans le choix des composants appropriés. La séparation des matériaux de manière homogène est essentielle pour permettre un recyclage de haute qualité. Un bâtiment dont la structure est composée d'éléments démontables de manière homogène, tels que des poutres en acier et des poutres en bois, facilite le démontage et la réutilisation ultérieure des différentes parties. La facilité d'entretien des composants influence également leur durée de vie et donc la possibilité de réutilisation [s15]. Un entretien régulier peut prolonger la durée de vie des éléments de construction et ainsi réduire le besoin de remplacement. Le potentiel de upcycling des matériaux doit également être pris en compte [s15]. Au lieu de simplement recycler les matériaux après leur phase d'utilisation, ils peuvent être valorisés par l'upcycling en produits de plus grande valeur. Par exemple, des vieilles planches de bois peuvent être transformées en nouveaux meubles. En plus de la valorisation matérielle, la récupération d'énergie joue également un rôle [s15]. Les matériaux qui peuvent être valorisés énergétiquement à la fin de leur durée de vie contribuent à réduire les besoins énergétiques. Enfin, la biodégradabilité de certains composants est un autre facteur à prendre en compte dans le contexte de la durabilité [s15]. Les matériaux biodégradables peuvent être compostés à la fin de leur cycle de vie et servent ainsi de source de nutriments pour de nouvelles plantes. En tenant compte de ces critères – de la séparation homogène à la facilité d'entretien en passant par la biodégradabilité – il est possible de mettre en œuvre efficacement la pensée circulaire dans le secteur de la construction et de contribuer à la préservation des ressources.

Poutre en acier [i16]

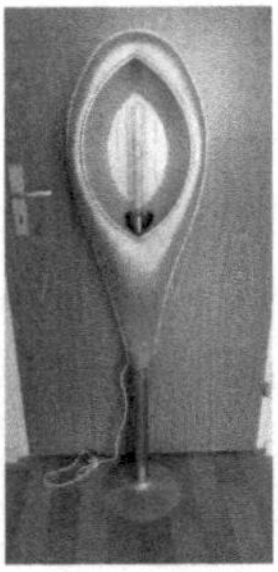

Surcyclage [i17]

Bon à savoir

homogène

L'homogénéité en ce qui concerne les matériaux de construction signifie que les matériaux peuvent être séparés et collectés de manière homogène pour permettre un recyclage homogène. Cela est important pour garantir la qualité du matériau recyclé et minimiser les efforts de séparation homogène. Les matériaux de construction homogènes facilitent le démontage et le recyclage, contribuant ainsi à la préservation des ressources.

Upcycling

L'upcycling dans le contexte du choix des matériaux signifie valoriser les matériaux de construction existants et les transformer en nouveaux produits de plus grande valeur. Cela peut se faire par un traitement créatif ou une combinaison avec d'autres matériaux. Des exemples incluent l'utilisation de vieilles briques comme revêtement de façade ou la transformation de poutres en bois en meubles design. Grâce à l'upcycling, la durée de vie des matériaux est prolongée et les déchets sont évités, ce qui contribue à une plus grande efficacité des ressources dans le secteur de la construction.

Recyclabilité des matériaux de construction

Visualisation de la recyclabilité des matériaux pour une construction durable.

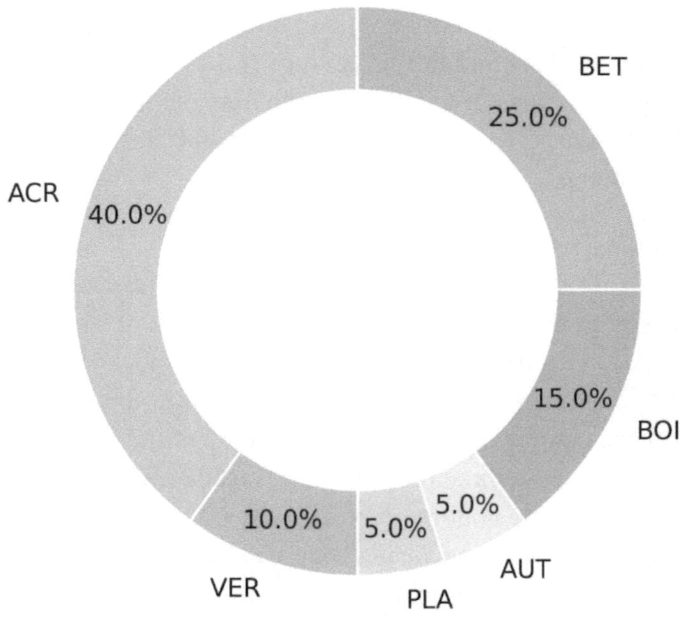

ACR: Acier

BET: Béton

PLA: Plastique

AUT: Autre

BOI: Bois

VER: Verre

Le graphique met en évidence les différents degrés de recyclabilité des matériaux de construction courants. Une part importante des matériaux offre un fort potentiel de recyclabilité, suggérant des opportunités de circularité dans la construction. Cependant, la présence de matériaux à plus faible recyclabilité souligne la nécessité d'une sélection minutieuse des matériaux et du développement de processus de recyclage améliorés pour un secteur du bâtiment véritablement durable.

Conseils concrets

- Remettez en question la nécessité de chaque matériau et recherchez des alternatives à moindre impact environnemental.
- Créez une bibliothèque de matériaux avec des échantillons de matériaux durables et leurs propriétés pour faciliter le choix.
- Visitez des chantiers de démolition et récupérez des matériaux réutilisables pour votre projet afin d'économiser des ressources et des coûts.
- Organisez un atelier avec des artisans locaux pour découvrir des techniques de construction traditionnelles et des matériaux régionaux.
- Expérimentez avec des combinaisons innovantes de matériaux pour trouver de nouvelles solutions esthétiques et fonctionnelles.
- Examinez la possibilité de louer ou de louer des matériaux plutôt que de les acheter, afin d'économiser des ressources.
- Impliquez les futurs utilisateurs dans le choix des matériaux pour prendre en compte leurs besoins et préférences.
- Utilisez des plateformes en ligne et des bases de données pour trouver des informations sur des matériaux durables et des fournisseurs.
- Faites vérifier les impacts environnementaux des matériaux choisis par un organisme indépendant.
- Élaborez un document de sélection de matériaux qui présente de manière transparente les raisons de chaque choix de matériau.
- Veillez à la certification des matériaux durables pour garantir leur qualité écologique.

2. 3 Approvisionnement énergétique

L'approvisionnement énergétique est un aspect central de l'architecture durable. Il influence de manière significative le confort, les coûts d'exploitation et le bilan environnemental d'un bâtiment. Le choix des bons matériaux d'isolation, des systèmes d'énergie renouvelable et des technologies de stockage pose de nombreux défis aux planificateurs et aux constructeurs. Une planification insuffisante peut entraîner des coûts énergétiques élevés, un confort insuffisant et un bilan environnemental négatif. Ce chapitre examine les différentes options d'approvisionnement énergétique pour les maisons durables, de l'isolation thermique aux énergies renouvelables en passant par les technologies de stockage innovantes. Les avantages et les inconvénients des différents systèmes et matériaux sont analysés afin de fournir une base de décision éclairée. Poursuivez votre lecture et découvrez comment rendre votre maison économe en énergie et durable.

La combinaison de différentes mesures d'économie d'énergie – telles que l'isolation thermique, les énergies renouvelables et les technologies de stockage intelligentes – permet la réalisation de bâtiments écoénergétiques et confortables et contribue de manière significative à la durabilité.

Concepts d'isolation thermique

L'isolation thermique réduit la demande énergétique pour le chauffage et la climatisation et améliore le confort de vie. Un bâtiment bien isolé nécessite moins d'énergie pour maintenir la température intérieure souhaitée, ce qui entraîne des coûts énergétiques plus bas [s16]. L'isolation agit comme une barrière contre la perte de chaleur en hiver et l'absorption de chaleur en été. Différents matériaux et méthodes d'isolation jouent un rôle à cet égard. Les matériaux d'isolation courants incluent la laine minérale, le polystyrène et la cellulose. Ces matériaux diffèrent par leurs valeurs d'isolation (valeur U), leur compatibilité environnementale et leurs coûts. Une faible valeur U signifie une meilleure isolation. Lors du choix du matériau d'isolation approprié, il convient de prendre en compte non seulement les coûts, mais aussi les conditions structurelles et l'effet d'isolation souhaité. Outre le choix des matériaux, la bonne mise en œuvre de l'isolation est cruciale. Les ponts thermiques, c'est-à-dire les zones de perte de chaleur accrue, doivent être évités. Cela peut être réalisé par une pose continue et professionnelle de l'isolation. Une couche d'isolation continue sur les murs extérieurs, le toit et le plafond de la cave minimise les pertes de chaleur et améliore l'efficacité énergétique du bâtiment. L'isolation des fenêtres et des portes contribue également à réduire la consommation d'énergie. Les fenêtres à double ou triple vitrage avec une faible valeur U et les cadres de porte bien isolés minimisent les pertes de chaleur et améliorent l'isolation phonique. La combinaison de différentes mesures d'isolation conduit à un résultat optimal.

laine minérale [i18]

installation photovoltaïque [i19]

Lors de la planification d'un concept d'isolation thermique, une évaluation complète du bâtiment est nécessaire. L'isolation de l'enveloppe du bâtiment est une étape importante pour économiser de l'énergie. De plus, d'autres mesures telles que l'installation d'un système de chauffage efficace ou l'utilisation d'énergies renouvelables peuvent améliorer le bilan énergétique du bâtiment [s16]. Une pompe à chaleur, par exemple, utilise la chaleur ambiante pour chauffer et peut réduire considérablement la demande énergétique. L'installation d'une installation photovoltaïque pour la production d'électricité contribue également à réduire les coûts énergétiques et à améliorer le bilan environnemental. En combinant différentes mesures, il est possible de créer un concept énergétique global qui est à la fois économiquement et écologiquement viable. Les besoins individuels et les conditions structurelles du bâtiment doivent être pris en compte. Un concept d'isolation thermique bien planifié et mis en œuvre améliore non seulement le confort de vie et réduit les coûts énergétiques, mais contribue également à la protection du climat. Un exemple de mesure d'isolation efficace est l'isolation du plafond du dernier étage. Surtout dans les bâtiments anciens sans toit isolé, beaucoup de chaleur est perdue par le plafond du dernier étage. Une isolation ultérieure avec de la laine minérale ou d'autres matériaux d'isolation appropriés peut réduire considérablement cette perte de chaleur et ainsi améliorer l'efficacité énergétique du bâtiment. L'isolation du plafond du dernier étage est souvent une mesure relativement simple et économique avec un potentiel d'économie élevé. Elle peut être mise en œuvre à la fois dans les nouvelles constructions et dans les rénovations. Lors de la rénovation, il est particulièrement important d'adapter l'isolation aux conditions existantes et d'éviter les ponts thermiques. Le choix du bon concept d'isolation thermique dépend de divers facteurs, notamment le type de bâtiment, le budget et les économies d'énergie souhaitées. Une consultation professionnelle par un conseiller en énergie peut aider à développer le concept optimal et à choisir les mesures d'isolation appropriées. Un conseiller en énergie peut analyser les conditions individuelles du bâtiment et créer un concept sur mesure qui répond à la fois aux aspects énergétiques et économiques. Un investissement dans une bonne isolation thermique se rentabilise à long terme grâce à des coûts énergétiques réduits et un confort de vie accru.

Bon à savoir

Installation photovoltaïque

Une installation photovoltaïque convertit directement la lumière du soleil en énergie électrique. Elle contribue à l'approvisionnement énergétique durable d'un bâtiment et réduit la dépendance au réseau électrique public.

Laine minérale

La laine minérale est un matériau d'isolation fabriqué à partir de roche ou de verre fondu. Elle est incombustible, isole bien et est relativement peu coûteuse.

Pompe à chaleur

Une pompe à chaleur utilise la chaleur présente dans l'environnement (par exemple, de l'air, de l'eau ou du sol) pour chauffer des bâtiments ou produire de l'eau chaude. Elle est une alternative écoénergétique aux systèmes de chauffage traditionnels.

Pont thermique

Les ponts thermiques sont des zones dans l'enveloppe du bâtiment où, en raison de particularités matérielles ou de construction, une quantité excessive de chaleur est perdue. Ils se forment par exemple aux raccords de fenêtres ou aux balcons et peuvent entraîner la formation de moisissures et des coûts de chauffage accrus.

Épaisseur d'isolation vs. Valeur U

Relation entre l'épaisseur d'isolation et la valeur U.

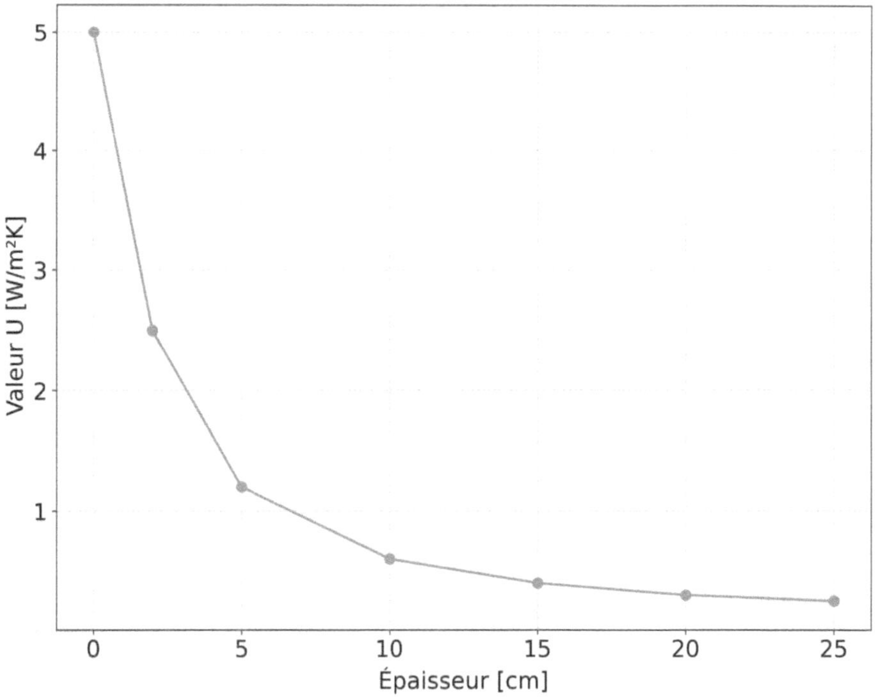

L'augmentation de l'épaisseur d'isolation réduit significativement la valeur U, conduisant à une meilleure performance thermique et une consommation d'énergie plus faible. Des rendements décroissants sont observés à des épaisseurs plus élevées, suggérant un point optimal pour la rentabilité.

Systèmes d'énergie renouvelable

Les systèmes d'énergie renouvelable utilisent des sources d'énergie naturelles et renouvelables en continu et les transforment en énergie utilisable. Les systèmes peuvent être classés en différentes catégories :

- Énergie solaire par photovoltaïque et thermique solaire
- Énergie éolienne par petites éoliennes
- Géothermie par géothermie de surface
- Biomasse sous forme de granulés de bois ou de copeaux de bois
- Chaleur ambiante pour les pompes à chaleur

Pour les propriétaires de maisons, la combinaison de plusieurs systèmes renouvelables est avantageuse. Un système photovoltaïque sur le toit produit de l'électricité, permettant le fonctionnement d'une pompe à chaleur. La pompe à chaleur utilise la chaleur ambiante gratuite de l'air, du sol ou de l'eau souterraine et la transforme en énergie de chauffage. Avec un stockage d'électricité, l'électricité solaire produite peut également être utilisée la nuit. La planification d'un système d'énergie renouvelable commence par une analyse des besoins énergétiques. Un ménage moyen de 4 personnes consomme environ 4 000 kilowattheures d'électricité et 20 000 kilowattheures d'énergie de chauffage par an. À partir de ces valeurs, la taille de l'installation nécessaire peut être déterminée. Un système photovoltaïque de 10 kilowatts-crête produit environ 10 000 kilowattheures d'électricité par an en Europe centrale. La rentabilité dépend de plusieurs facteurs : coûts d'investissement, prix de l'énergie, subventions gouvernementales et tarifs de rachat. Un système photovoltaïque avec stockage de batteries coûte actuellement entre 15 000 et 25 000 euros. Le délai d'amortissement est généralement de 8 à 12 ans. Les pompes à chaleur air-eau sont disponibles à partir de 12 000 euros, les pompes à chaleur géothermiques à partir de 20 000 euros. Pour une conception optimale, des planificateurs spécialisés doivent être consultés. Ils prennent en compte les conditions locales telles que l'orientation du toit, l'ombrage ou la nature du sol. Un conseiller en énergie élabore un concept global et examine les possibilités de financement. La banque KfW et le BAFA offrent des subventions attractives pour les systèmes d'énergie renouvelable. L'installation nécessite des entreprises qualifiées. Pour les systèmes photovoltaïques, la structure, la protection contre la foudre et les connexions électriques doivent être vérifiées. Les pompes à chaleur nécessitent une dimensionnement précis de la source de chaleur. Les sondes géothermiques nécessitent une autorisation d'eau et des études géologiques. Le fonctionnement des systèmes renouvelables nécessite un entretien régulier. Les modules photovoltaïques doivent être nettoyés chaque année. Les pompes à chaleur nécessitent un contrôle de service tous les deux ans. Les systèmes de contrôle modernes optimisent automatiquement le flux d'énergie et permettent la surveillance à distance via un smartphone. La combinaison avec des systèmes de stockage d'énergie augmente le taux d'autoconsommation. Les systèmes de stockage de batteries capturent l'électricité solaire excédentaire. Les réservoirs tampon stockent l'énergie thermique pour le chauffage et l'eau chaude. Les systèmes de gestion de maison intelligents interconnectent tous les composants et contrôlent les consommateurs en fonction de la charge. Les systèmes d'énergie renouvelable augmentent la valeur immobilière et réduisent les coûts d'exploitation. L'indépendance vis-à-vis des combustibles fossiles protège contre la hausse des prix. Avec une planification, un dimensionnement et un entretien appropriés, les installations fonctionnent de manière fiable et économique pendant des décennies.

Bon à savoir

Amortissement

Le délai d'amortissement indique combien de temps il faut pour qu'un investissement soit rentabilisé par les économies réalisées.

Kilowattheure (kWh)

Le kilowattheure est une unité de mesure de la quantité d'énergie. Il indique combien d'énergie un appareil d'une puissance d'un kilowatt consomme en une heure.

Petite éolienne

Les petites éoliennes produisent de l'électricité à partir de l'énergie éolienne. Elles conviennent aux emplacements avec suffisamment de vent et sont souvent utilisées en combinaison avec des systèmes photovoltaïques.

Réservoir tampon

Un réservoir tampon stocke l'énergie thermique produite par un système thermique solaire ou une pompe à chaleur. Il assure un approvisionnement thermique uniforme et augmente l'efficacité.

Stockage d'électricité

Les systèmes de stockage d'électricité, généralement des batteries, stockent l'électricité solaire excédentaire et la rendent utilisable ultérieurement. Ils augmentent l'autoconsommation et réduisent la dépendance au réseau électrique.

Mix d'énergies renouvelables pour bâtiments durables

Mix typique d'énergies renouvelables dans un bâtiment durable.

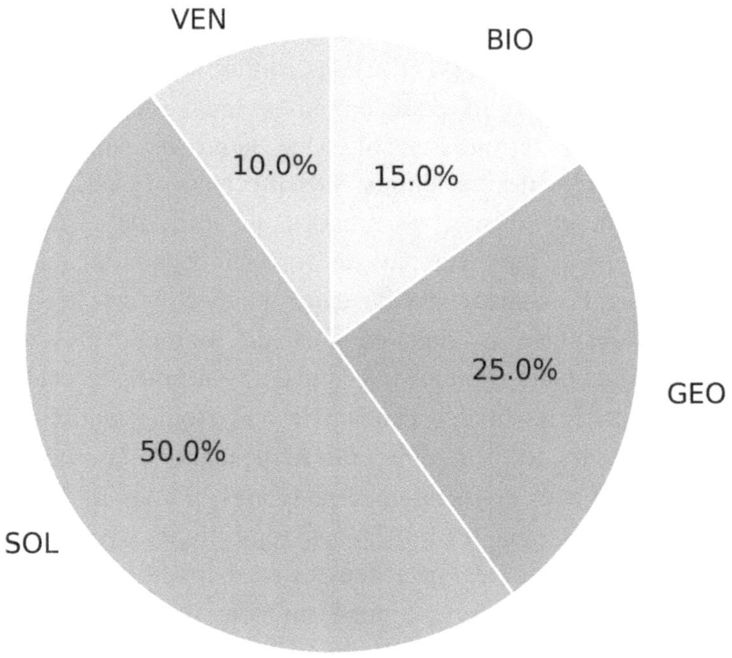

BIO: Biomasse

GEO: Géothermie

SOL: Solaire Photovoltaïque

VEN: Vent

L'énergie solaire photovoltaïque constitue la plus grande part, soulignant son importance dans la conception de bâtiments durables. La géothermie et la biomasse contribuent de manière significative, indiquant un accent mis sur le chauffage/refroidissement et l'utilisation des déchets organiques. Bien que l'énergie éolienne ait une part plus faible, son inclusion diversifie les sources d'énergie. Ce mix réduit la dépendance aux combustibles fossiles et minimise l'impact environnemental.

Technologies de stockage

Les technologies de stockage gagnent en pertinence pour l'approvisionnement énergétique des bâtiments. En plus des batteries connues pour le stockage de l'électricité provenant des installations photovoltaïques, déjà mentionnées dans le chapitre précédent, des systèmes de stockage d'énergie thermique (TES) sont également proposés [s17]. Ceux-ci utilisent le principe de stockage de chaleur ou de froid pour optimiser les besoins énergétiques en chauffage et en refroidissement. Une approche innovante dans ce domaine est celle des matériaux à changement de phase (PCM). Les PCM stockent et libèrent de grandes quantités de chaleur lorsqu'ils changent d'état – par exemple, en fondant de solide à liquide [s18] [s17]. Ainsi, la chaleur excédentaire peut être stockée pendant la journée et restituée la nuit ou lors de journées plus froides. Ce processus fonctionne également à l'envers : en hiver, la chaleur du jour peut être stockée et libérée pendant la nuit froide, tandis qu'en été, la fraîcheur de la nuit peut être utilisée pendant la journée. Les PCM peuvent être classés en différentes catégories, y compris les organiques, les inorganiques et les mélanges eutectiques [s17]. Les PCM organiques, tels que les paraffines, sont particulièrement adaptés en raison de leurs propriétés, comme un point de fusion défini et une stabilité chimique [s17]. Pour éviter les fuites à l'état liquide, les PCM sont souvent intégrés dans une matrice 3D ou une structure poreuse. Cela donne naissance à des PCM stables qui conservent leur forme même lors du changement de phase [s17]. L'intégration peut se faire par différentes techniques, telles que la micro-encapsulation, la macro-encapsulation ou l'incorporation dans une matrice porteuse [s18]. Une conductivité thermique élevée des PCM est essentielle pour un chargement et un déchargement efficaces. Cela peut être amélioré par l'ajout de matériaux à haute conductivité thermique, tels que le graphite ou des particules métalliques [s17]. L'intégration des PCM dans les matériaux de construction offre de nombreuses possibilités. Les PCM peuvent être intégrés dans les murs, les plafonds ou les sols pour réguler la température à l'intérieur du bâtiment [s18]. Un plâtre enrichi en PCM peut ainsi contribuer à réduire les fluctuations de température et à minimiser le besoin de chauffage ou de refroidissement actif. En combinaison avec des systèmes de chauffage par le sol, les PCM peuvent également améliorer l'efficacité du système en stockant la chaleur et en la restituant de manière décalée. Le choix du PCM approprié dépend de l'application spécifique et des propriétés thermiques souhaitées. Pour l'intégration dans les matériaux de construction, il est également important de prendre en compte la stabilité de forme, la durabilité à long terme et l'impact environnemental des PCM. L'analyse coût-bénéfice des solutions PCM est un sujet complexe [s18]. Les coûts d'investissement pour les systèmes basés sur les PCM sont généralement plus élevés que pour les systèmes conventionnels. Cependant, à long terme, les économies sur les coûts énergétiques peuvent compenser les coûts supplémentaires. Le temps de retour sur investissement dépend de divers facteurs, tels que les prix de l'énergie, les conditions climatiques et l'efficacité du système. Une planification et une dimensionnement soigneux du système sont donc essentiels pour garantir la rentabilité. Un conseiller en énergie expérimenté peut aider à choisir le système approprié et à l'intégrer de manière optimale dans le concept du bâtiment. Les PCM représentent une technologie prometteuse pour améliorer l'efficacité énergétique des bâtiments. Grâce à l'intégration intelligente des PCM dans l'enveloppe du bâtiment ou dans les systèmes de chauffage et de refroidissement, il est possible de réduire les besoins énergétiques et ainsi de contribuer à une construction plus durable. Une combinaison de PCM avec d'autres mesures d'économie d'énergie, telles qu'une bonne isolation thermique et l'utilisation d'énergies renouvelables, permet de réaliser des bâtiments écoénergétiques et confortables. Le développement continu de la technologie PCM et la baisse des coûts de production ouvrent de nouvelles possibilités d'application à l'avenir et contribuent à la diffusion de cette solution de stockage innovante.

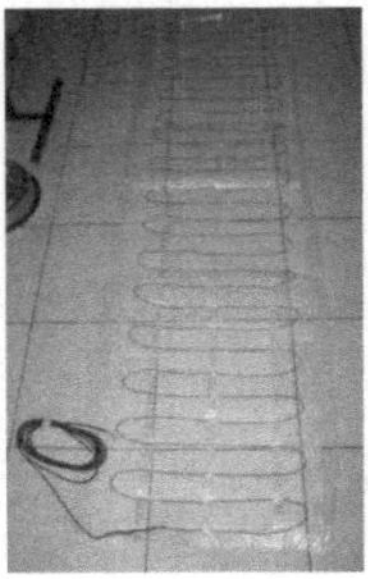

chauffage au sol [i20]

Bon à savoir

Conductivité thermique

La conductivité thermique décrit la capacité d'un matériau à conduire l'énergie thermique. Une conductivité thermique élevée est importante pour un chargement et un déchargement efficaces des PCM.

Installations photovoltaïques

Les installations photovoltaïques convertissent la lumière du soleil en énergie électrique et contribuent ainsi à l'approvisionnement énergétique durable des bâtiments. Elles peuvent être installées sur des toits ou des façades et couvrir les besoins énergétiques des appareils ménagers et de l'éclairage.

Mélanges eutectiques

Les mélanges eutectiques sont des combinaisons de différentes substances ayant un point de fusion inférieur à celui des composants individuels. Ils sont utilisés comme PCM pour optimiser le stockage d'énergie à des températures spécifiques.

Particules métalliques

Les particules métalliques peuvent augmenter la conductivité thermique des PCM et ainsi améliorer l'efficacité du stockage d'énergie.

Capacité de Stockage d'Énergie pour Bâtiments Durables

Comparaison des capacités des systèmes de stockage

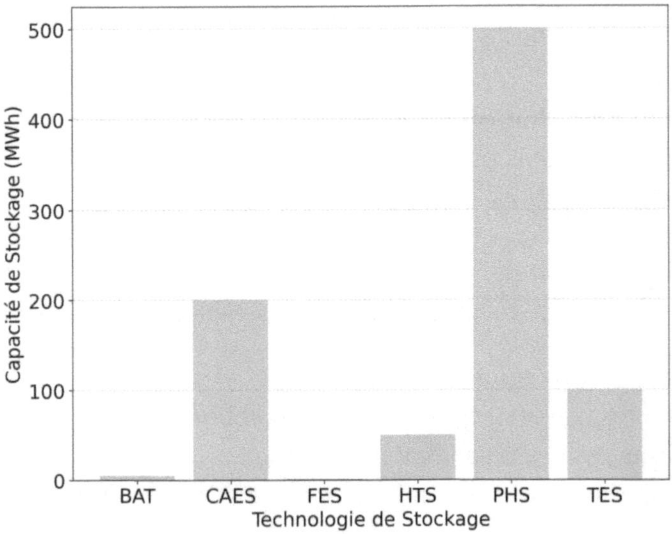

BAT: Batterie (Li-ion)

CAES: Stockage d'Énergie par Air Comprimé

FES: Stockage d'Énergie par Volant d'Inertie

HTS: Stockage de Réservoir d'Hydrogène

PHS: Stockage Hydroélectrique Pompé

TES: Stockage d'Énergie Thermique (Eau)

Ce graphique met en évidence les différences significatives de capacité entre les diverses technologies de stockage d'énergie. Le stockage par batterie, bien que crucial pour la gestion énergétique à court terme, offre une capacité considérablement inférieure aux solutions de stockage hydroélectrique pompé et thermique. Cela suggère qu'une approche diversifiée du stockage d'énergie, intégrant plusieurs technologies, est probablement nécessaire pour maximiser l'indépendance énergétique et la résilience des bâtiments.

Conseils concrets

- Intégrez des masses de stockage telles que des murs en terre ou en terre battue dans votre bâtiment pour réguler passivement la température et réduire les besoins en énergie pour le chauffage et le refroidissement.
- Planifiez l'agencement des pièces de manière à ce que les espaces à forte demande de chaleur, comme le salon et la cuisine, soient orientés au sud et bénéficient de l'ensoleillement.
- Exploitez la chaleur résiduelle des appareils tels que le réfrigérateur ou l'ordinateur en les dirigeant spécifiquement vers des pièces adjacentes.
- Élaborez un diagramme détaillé des flux d'énergie pour votre bâtiment afin d'identifier les pertes d'énergie et de révéler les potentiels d'optimisation.
- Optez pour des systèmes d'approvisionnement en énergie hybrides qui combinent intelligemment différentes énergies renouvelables telles que la thermie solaire et la photovoltaïque.
- Vérifiez la possibilité de créer un réseau de chaleur de proximité avec des bâtiments voisins pour tirer parti des synergies et minimiser les pertes d'énergie.
- Intégrez des collecteurs de chaleur géothermique sous des surfaces imperméables telles que des terrasses ou des allées pour exploiter la chaleur ambiante.
- Développez un concept pour utiliser la chaleur de processus issus d'industries environnantes, si disponible.

Révision - 2. Architecture durable

L'architecture durable est plus qu'une tendance, c'est une nécessité. Le texte présent met en lumière comment, grâce à une planification judicieuse et un choix de matériaux appropriés, vous pouvez réaliser des bâtiments écoénergétiques et respectueux de l'environnement. Il ne s'agit pas seulement de concepts abstraits, mais de recommandations concrètes que vous pouvez mettre en œuvre directement dans votre projet de construction. De la forme du bâtiment à l'utilisation optimale de la lumière naturelle, en passant par le choix de systèmes énergétiques renouvelables et de technologies de stockage innovantes, chaque aspect contribue au concept global.

Un point central est la minimisation des besoins énergétiques. Commencez par une forme de construction compacte pour réduire les pertes de chaleur à travers l'enveloppe du bâtiment. Orientez le bâtiment de manière à ce que les façades sud puissent tirer le meilleur parti de l'énergie solaire. De grandes surfaces vitrées au sud maximisent le gain solaire passif, tandis que de plus petites fenêtres au nord minimisent les pertes de chaleur. Pensez également à des protections solaires extérieures pour éviter une surchauffe en été. À l'intérieur du bâtiment, optimisez la répartition des espaces pour garantir des trajets courts et une utilisation efficace des surfaces. Prenez en compte les besoins de tous les utilisateurs pour permettre l'accessibilité et un habitat adapté aux personnes âgées.

Le choix des matériaux de construction joue un rôle décisif dans le bilan écologique de votre projet. Optez pour des matériaux durables et régionaux afin de minimiser les distances de transport et les émissions de CO2. Examinez les possibilités de réutilisation et de recyclage des éléments de construction. Une analyse du cycle de vie peut vous aider à comparer les impacts environnementaux des différents matériaux et à prendre des décisions éclairées. Veillez également à choisir des matériaux à faibles émissions pour créer un climat intérieur sain.

Intégrez des systèmes énergétiques renouvelables tels que la photovoltaïque, la thermie solaire ou les pompes à chaleur pour couvrir durablement les besoins énergétiques de votre bâtiment. Combinez ces systèmes avec des technologies de stockage intelligentes pour optimiser l'utilisation des énergies renouvelables et maximiser l'autoconsommation. Prenez en compte les conditions locales lors de la planification et consultez des planificateurs expérimentés. L'investissement dans des technologies durables peut sembler initialement plus élevé, mais il se rentabilise à long terme grâce à des coûts énergétiques réduits et une valeur immobilière accrue.

Construire durablement est un investissement pour l'avenir. Bien qu'il nécessite une planification et une mise en œuvre minutieuses, il vous offre à long terme de nombreux avantages : vous économisez sur les coûts énergétiques, préservez l'environnement et créez un cadre de vie sain et confortable. Avec les recommandations présentées ici, vous pouvez concrétiser votre vision d'un bâtiment durable et apporter une contribution précieuse pour les générations futures.

3. Gestion de la construction

Comment transformer une vision de construction durable en un projet réussi ? Le chemin allant du premier croquis à la remise des clés ressemble à un orchestre complexe, où de nombreux acteurs doivent jouer avec précision. Une gestion professionnelle de la construction constitue la base pour la mise en œuvre ponctuelle et de qualité des projets de construction durable. La planification et le contrôle systématiques de tous les processus déterminent de manière significative le succès du projet - du contrôle des coûts au respect des normes énergétiques. Dans ce chapitre, nous montrons comment les nombreux défis de la construction durable peuvent être surmontés grâce à une gestion efficace.

3. 1 Organisation du chantier

Une organisation efficace des chantiers est essentielle pour une construction durable. Elle influence la consommation des ressources, les émissions et la rentabilité de l'ensemble du projet. De la planification logistique à l'approvisionnement en matériaux en passant par la gestion du personnel, il s'agit de coordonner des processus complexes et de relever de nombreux défis. Une organisation optimale du chantier minimise les impacts environnementaux négatifs et augmente la probabilité de succès du projet. Lisez la suite pour découvrir les facteurs décisifs d'une organisation réussie des chantiers.

Une organisation de chantier efficace et durable nécessite une planification logistique globale, intégrant des modèles numériques, des processus clairs et la prise en compte de toutes les ressources, y compris le personnel qualifié, tout au long du cycle de vie du projet de construction.

Planification logistique

La planification logistique sur les chantiers influence considérablement l'efficacité des processus de construction, car elle représente une grande partie des mouvements de fret urbains [s19]. Une logistique bien planifiée peut conduire à moins d'embouteillages et à de moindres émissions de polluants, notamment grâce à l'établissement de centres de consolidation, qui réduisent le nombre de livraisons [s19]. Cependant, l'organisation de la logistique varie considérablement. Certains sous-traitants gèrent eux-mêmes leurs matériaux, tandis que d'autres mettent en place leur propre équipe logistique [s19]. L'accessibilité du chantier, c'est-à-dire le nombre d'entrées et de sorties ainsi que la configuration générale, influence la fréquence et les horaires de livraison, et donc l'ensemble de la planification [s19]. Les centres de consolidation optimisent les flux de matériaux et augmentent la rentabilité grâce à une meilleure utilisation de la main-d'œuvre et des matériaux [s19]. Des simulations démontrent les avantages environnementaux et économiques de tels centres, y compris une réduction des coemissionen [s19]. La planification logistique est essentielle pour les entrepreneurs durant la phase de mobilisation et de construction [s20]. En intégrant des modèles numériques dans la planification logistique, il est possible de réduire les livraisons, la gestion des déchets, le bruit et les émissions de CO2, ainsi que la charge de trafic [s20]. Pour une planification efficace dans un environnement numérique, des données spécifiques sont nécessaires : un modèle 3D structuré hiérarchiquement, une structure de travail, un calendrier détaillé, des contraintes de ressources et des installations temporaires définies [s20]. Les différentes activités doivent être divisées

Logistique de chantier [i22]

en opérations de travail pour permettre la planification logistique [s20]. Grâce à des logiciels pour modèles numériques, il est possible de créer des modèles de mise en page dynamiques qui prennent en compte la durée réelle nécessaire pour les installations et équipements temporaires dans les différentes phases de construction [s20]. La planification de la logistique de chantier se déroule en trois étapes : placement des installations temporaires et des surfaces de stockage, définition du calendrier et attribution des ressources, ainsi que modélisation et extraction de la mise en page dynamique du chantier [s20]. Dans le calendrier détaillé, chaque activité doit être représentée comme une opération de travail pour permettre la simulation des mouvements de machines et de la manipulation des matériaux [s20]. Un exemple serait la planification détaillée du processus de coulage du béton, où la livraison du béton, le positionnement de la pompe à béton et le mouvement des travailleurs doivent être coordonnés. Étant donné qu'il n'existe actuellement aucun standard uniforme pour la planification logistique dans un environnement de modèle numérique, une standardisation supplémentaire est nécessaire [s20]. Un standard uniforme pourrait améliorer l'interopérabilité de différentes solutions logicielles et simplifier l'échange de données entre les parties prenantes du projet.

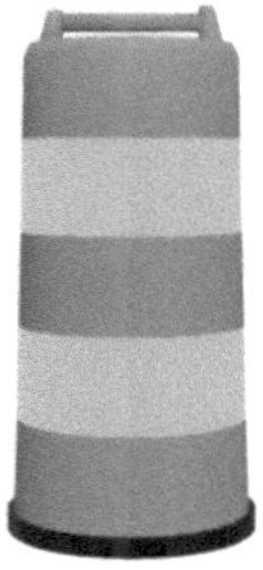

Modèle 3D [i21]

Bon à savoir

Centre de consolidation

Un lieu central situé à l'extérieur ou à la périphérie du chantier, où les matériaux de construction sont collectés, triés et stockés temporairement avant d'être distribués aux différents corps de métier selon les besoins. Cela réduit le nombre de livraisons et minimise la charge de trafic.

Interopérabilité

La capacité de différentes solutions logicielles à échanger des données et à interagir entre elles. Un standard uniforme pour la planification logistique améliorerait l'interopérabilité et simplifierait l'échange de données entre les parties prenantes du projet.

Sous-traitant

Entreprises mandatées par un entrepreneur général pour exécuter une partie des travaux de construction. Leur gestion des matériaux peut avoir un impact sur la logistique globale et doit être intégrée dans la planification.

Flux de matériaux sur le chantier

Émissions de CO2 par groupe de matériaux

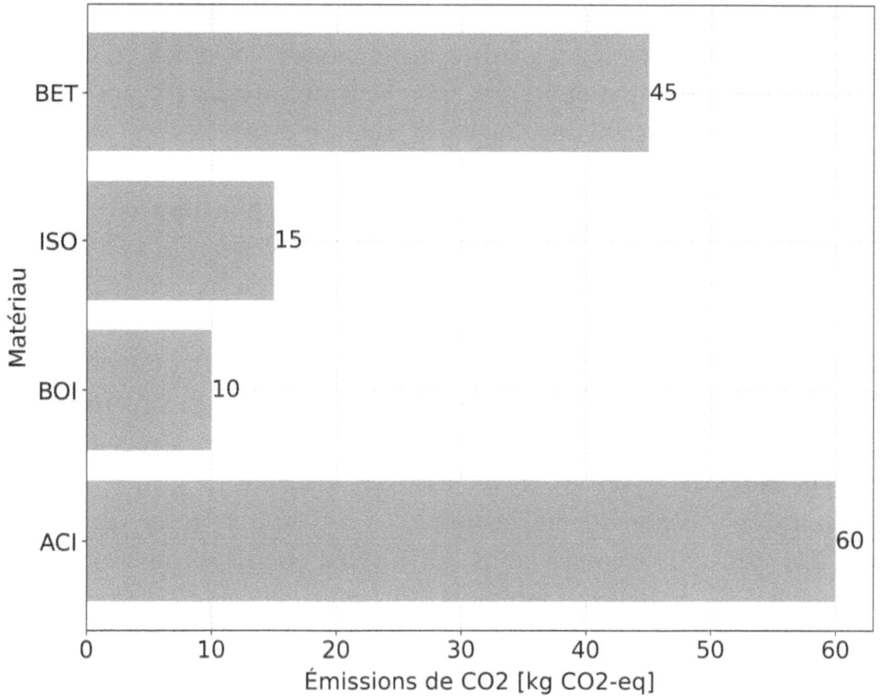

ACI: Acier

BOI: Bois

BET: Béton

ISO: Matériaux isolants

La plus grande partie des émissions de CO2 est causée par le transport du béton, suivi de l'acier. Le bois et les matériaux isolants ont beaucoup moins d'impact. Cela souligne la nécessité d'optimiser les itinéraires de transport pour les matériaux lourds et éventuellement d'envisager des matériaux alternatifs avec une empreinte carbone plus faible.

Gestion des ressources

La gestion des ressources dans le secteur de la construction englobe bien plus que l'utilisation efficace des matériaux. Elle intègre des aspects écologiques, sociaux et économiques tout au long du cycle de vie d'un projet de construction – de la planification et de l'exécution jusqu'à la démolition [s21]. En plus des ressources classiques telles que les matériaux de construction, l'énergie et le capital, la gestion de la ressource humaine devient de plus en plus centrale. Des travailleurs qualifiés sont indispensables pour une exécution de construction productive et durable. Leur motivation, la formation continue sur des pratiques de construction respectueuses de l'environnement et leur intégration dans les processus de planification contribuent de manière significative au succès du projet [s22]. Une gestion du personnel ciblée, qui prend en compte les aspects écologiques («gestion du personnel écologique»), favorise un comportement respectueux de l'environnement et renforce la performance durable de l'entreprise [s22]. Des formations régulières sur des thèmes tels que la prévention des déchets, les méthodes de construction économes en ressources ou l'utilisation de matériaux recyclés peuvent accroître la sensibilisation et les compétences des employés. La collaboration entre différents acteurs, du client aux planificateurs et aux exécutants jusqu'aux fournisseurs, est également essentielle pour établir des pratiques durables [s23]. Une vision commune, des objectifs clairs et une communication ouverte favorisent l'échange de bonnes pratiques et permettent l'optimisation continue de la gestion des ressources. La durabilité économique peut être surveillée à l'aide d'outils tels que le Earned Value Management (EVM), qui fournit des informations sur l'efficacité de l'utilisation des ressources grâce à des indicateurs tels que le Cost Performance Index (CPI) [s24]. La prise en compte des incertitudes et des données potentiellement peu fiables est importante pour une évaluation réaliste [s24]. Des méthodes telles que la logique floue peuvent aider à gérer ces imprécisions et à parvenir à des décisions plus éclairées en matière de gestion des ressources [s24]. Une approche holistique, qui prend en compte les trois piliers de la durabilité – l'écologie, le social et l'économie – crée des avantages concurrentiels à long terme et contribue à une industrie de la construction durable [s21].

Durabilité [i23]

Bon à savoir

Cycle de vie

Considère l'ensemble de la période d'un projet de construction, de la planification et de la construction jusqu'à la démolition et l'élimination, afin de minimiser les impacts environnementaux à chaque étape et d'utiliser les ressources de manière efficace.

Gestion du personnel écologique

Favorise un comportement respectueux de l'environnement des employés par le biais de formations et d'incitations pour améliorer la durabilité sur le chantier. Elle comprend la sélection et la promotion d'employés engagés en faveur de la durabilité, ainsi que la mise en œuvre de méthodes de travail respectueuses de l'environnement.

Logique floue

Une méthode mathématique qui traite des données floues et imprécises, comme celles qui se présentent souvent en gestion des ressources. Elle permet des évaluations et des décisions plus réalistes en tenant compte des incertitudes.

Utilisation des Ressources sur un Chantier de Construction Durable

Comparaison de l'utilisation des ressources entre les différentes phases de construction

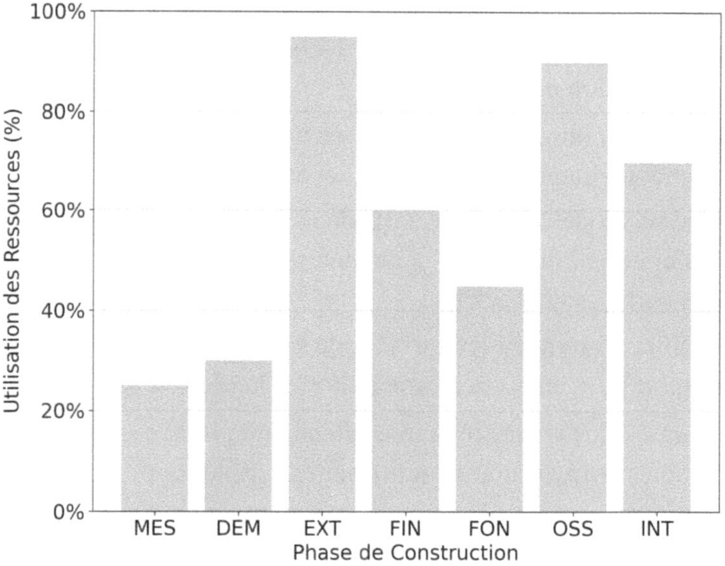

DEM: Démolition et Excavation

EXT: Extérieur

FIN: Finition

FON: Fondation

INT: Intérieur

MES: Mise en Service

OSS: Ossature

Les données révèlent des variations significatives dans l'utilisation des ressources tout au long du cycle de vie du projet. Les phases initiales (Démolition et Excavation et Fondation) montrent une utilisation relativement faible, probablement en raison des activités de mobilisation et d'installation. L'utilisation maximale se produit pendant les phases d'Ossature et d'Extérieur, indiquant une forte demande de ressources pendant ces étapes critiques de la construction. Une baisse ultérieure de l'utilisation des ressources est observée pendant l'Intérieur et la Finition, alors que des tâches spécialisées et des équipes plus petites prennent le relais. La phase finale de Mise en Service présente l'utilisation la plus faible, reflétant l'achèvement des principales activités de construction et une concentration sur les tests et la remise.

Conseils concrets

- Profitez de l'« Heure d'Or » le matin pour les travaux bruyants afin de minimiser la gêne pour les riverains.
- Mettez en place une distribution centrale des matériaux pour éviter les trajets inutiles et les temps de recherche, et pour contrôler la consommation de matériaux.
- Fixez des horaires de livraison avec vos sous-traitants pour réduire les embouteillages sur le chantier et dans les environs.
- Créez un modèle numérique 3D de la logistique de chantier pour simuler et optimiser les flux de matériaux, les mouvements de grue et les surfaces de stockage.
- Identifiez clairement les surfaces de stockage et les voies de transport pour améliorer l'orientation et la sécurité sur le chantier.
- Organisez des visites régulières du chantier avec toutes les parties prenantes pour vérifier et optimiser ensemble les processus logistiques.
- Optez pour des conteneurs et emballages de transport réutilisables afin de réduire les déchets et de promouvoir l'économie circulaire.
- Utilisez des drones pour la surveillance et l'inventaire du chantier afin de gagner du temps et de garder une vue d'ensemble.
- Implémentez un journal de chantier numérique pour centraliser et évaluer toutes les informations pertinentes sur la logistique.
- Organisez des formations pour vos employés sur la logistique de chantier efficace et sécurisée.

3. 2 Assurance qualité

La gestion de la qualité dans la construction de maisons durables comprend la documentation et la gestion des défauts tout au long du cycle de vie. Une documentation complète de tous les processus et matériaux garantit la traçabilité et constitue la base d'une construction économe en ressources et des décisions ultérieures. Une gestion efficace des défauts minimise les erreurs, les coûts et les retards en identifiant et en corrigeant rapidement les écarts par rapport aux normes de qualité. Découvrez comment optimiser ces facteurs décisifs pour le succès de votre projet de construction durable.

Une documentation complète sur l'ensemble du cycle de vie est la clé de l'assurance qualité et de la gestion efficace des défauts dans la construction durable.

Documentation

La documentation dans la construction durable comprend la collecte et la conservation systématiques de toutes les informations pertinentes sur l'ensemble du cycle_de_vie d'un bâtiment. Cela commence dès la phase de planification avec la documentation des exigences du bâtiment, du choix des matériaux et des méthodes de construction. La documentation de l'origine des matériaux de construction, de leur composition et de leur impact environnemental prend également de plus en plus d'importance dans le contexte de la construction durable. Ces informations servent non seulement à la transparence et à la traçabilité, mais permettent également une évaluation ultérieure de la durabilité du bâtiment [s25]. Pendant la phase de construction, tous les travaux effectués, les contrôles de qualité et les éventuelles déviations par rapport au plan sont documentés. Cela permet de retracer exactement quelles étapes ont été réalisées et si les normes de qualité ont été respectées [s26]. Tout comme pour l'examen des matériaux composites en mycélium, où la documentation de toutes les étapes de production, de l'approvisionnement en matières premières au contrôle de qualité, est cruciale, chaque étape dans la construction doit également être traçable [s25]. La documentation des travaux d'entretien et de maintenance en cours d'exploitation permet une gestion efficace des bâtiments et contribue à la préservation de leur valeur. Pensez à la vérification régulière de l'isolation ou au contrôle du système de chauffage – tout cela doit être documenté pour garantir à long terme l'efficacité énergétique du bâtiment. À la fin du cycle de vie, la documentation sert de base pour le démantèlement et le recyclage des matériaux. Par exemple, la documentation sur le matériau isolant utilisé dans le toit peut être décisive pour son élimination ou sa réutilisation appropriée. Une documentation complète sur toutes les phases du cycle de vie du bâtiment – de la planification à la construction, en passant par l'exploitation jusqu'au démantèlement – permet un contrôle de qualité exhaustif, optimise la gestion des ressources et soutient la prise de décision à chaque étape. Une documentation continue de tous les processus et matériaux crée de la transparence et facilite la collaboration de toutes les parties impliquées dans la construction.

Contrôle qualité [i24]

Bon à savoir

Normes de qualité

Les normes de qualité dans la construction durable définissent des critères mesurables pour la qualité des matériaux, des processus de construction et du bâtiment fini. Elles servent de base pour l'assurance qualité et garantissent que le bâtiment répond aux exigences de durabilité, de fonctionnalité et de longévité.

Traçabilité

La traçabilité dans la construction durable garantit que l'origine et le parcours des matériaux et des composants peuvent être retracés tout au long du cycle de vie d'un bâtiment. Cela est important pour l'assurance qualité, la garantie de durabilité et en cas de défauts ou de rappels.

Documentation dans les projets de construction durable

Répartition des types de documentation pour l'assurance qualité dans les projets de construction durable.

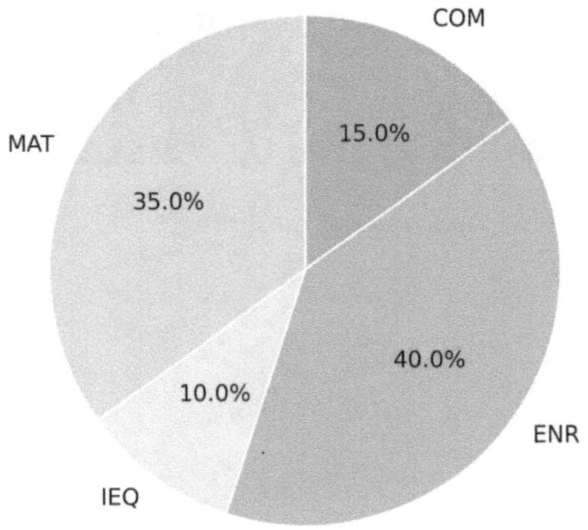

COM: Documents de mise en service (Rapports de test, vérifications des systèmes)

ENR: Performance énergétique (Calculs, simulations, certificats)

IEQ: Qualité de l'environnement intérieur (Rapports sur la qualité de l'air, analyse de la lumière du jour)

MAT: Certifications des matériaux (Éco-labels, informations sur l'approvisionnement)

La plus grande partie de la documentation concerne la performance énergétique, reflétant son rôle crucial dans la construction durable. Les certifications des matériaux sont également importantes, indiquant un accent sur l'approvisionnement durable. Bien que la documentation de mise en service soit plus restreinte, elle est cruciale pour vérifier la performance du système. La proportion relativement faible consacrée à la qualité de l'environnement intérieur suggère un potentiel d'attention accrue dans ce domaine.

Gestion des défauts

La gestion des défauts dans la construction durable va au-delà de la simple documentation et comprend la collecte, l'analyse et le traitement systématiques des écarts par rapport aux normes de qualité requises [s27]. Une telle gestion garantit que les projets de construction respectent les exigences, tant les souhaits des clients que les dispositions légales. La gestion des défauts ne se concentre pas uniquement sur la phase de construction, mais englobe l'ensemble du lebenszyklus d'un bâtiment, de la planification à l'exécution, en passant par l'exploitation et la démolition. Un système fonctionnel de traitement des défauts commence par une définition claire des exigences de qualité et inclut la détermination de points de contrôle dans le processus de construction, où la qualité est vérifiée [s28]. À ces points, qui couvrent l'ensemble du cycle de vie du bâtiment, des décisions critiques sont prises, influençant à long terme la qualité du bâtiment. Par exemple, le contrôle de l'épaisseur de l'isolant pendant la phase de construction peut garantir que l'efficacité énergétique visée sera atteinte lors de l'exploitation du bâtiment. La détection et le traitement précoces des défauts minimisent les travaux de reprise et évitent ainsi des coûts et des retards. L'intégration des technologies numériques peut considérablement améliorer l'efficacité de la gestion des défauts [s27]. Les outils numériques permettent une documentation sans faille, facilitent la communication entre les parties prenantes et soutiennent l'analyse des causes des défauts. Les technologies numériques sont principalement utilisées pendant la phase d'exécution et contribuent ainsi à l'amélioration de la qualité pendant la construction. Un système de gestion des défauts numérique, qui stocke toutes les informations pertinentes de manière centralisée, permet un accès rapide aux données et facilite la collaboration de toutes les parties impliquées dans la construction. La liaison des systèmes numériques de gestion des défauts avec le Building Information Modeling (BIM) permet en outre de visualiser et de documenter les défauts directement dans le modèle 3D. Outre les aspects techniques, les réglementations contractuelles jouent également un rôle important dans la gestion des défauts [s29]. Des contrats clairs entre toutes les parties prenantes, notamment avec les fournisseurs, minimisent les incertitudes et contribuent à un déroulement fluide. Une implication active des acteurs de la chaîne d'approvisionnement dans le processus de gestion des défauts est donc essentielle. Des incitations et des informations insuffisantes de la part des parties prenantes externes peuvent entraîner des incertitudes qu'il convient d'éviter. Une réforme des instruments réglementaires par des parties prenantes externes peut contribuer à minimiser les incertitudes et ainsi promouvoir la qualité dans la construction. La prise en compte des caractéristiques de qualité techniques, environnementales et sociales dans un modèle de qualité holistique permet une évaluation complète des processus et des produits dans le secteur de la construction [s28]. L'interaction de ces différents aspects de la qualité représente certes une tâche complexe, mais elle est cruciale pour une gestion des défauts réussie et durable. Ainsi, un défaut dans l'exécution de l'enveloppe du bâtiment peut avoir des répercussions non seulement sur l'efficacité énergétique (aspect technique), mais aussi sur le confort des occupants (aspect social) et la durabilité environnementale du bâtiment (aspect écologique).

Bon à savoir

Building Information Modeling

Une méthode numérique pour la planification, l'exécution et la gestion de projets de construction. Le BIM crée un modèle 3D numérique du bâtiment, contenant toutes les informations pertinentes et pouvant être utilisé par toutes les parties impliquées. Cela permet une meilleure coordination et évite les erreurs.

Chaîne d'approvisionnement

L'ensemble des processus nécessaires à la fabrication et à la livraison de matériaux et de composants de construction, de l'extraction des matières premières à la livraison sur le chantier. Une chaîne d'approvisionnement durable veille à la durabilité environnementale et à la responsabilité sociale à chaque étape.

Parties prenantes

Personnes ou groupes impliqués qui ont un intérêt dans le succès d'un projet de construction, par exemple, des investisseurs, des architectes, des ouvriers du bâtiment ou la population locale.

Gestion des défauts dans la construction durable

Fréquence, gravité et temps de résolution des défauts de construction.

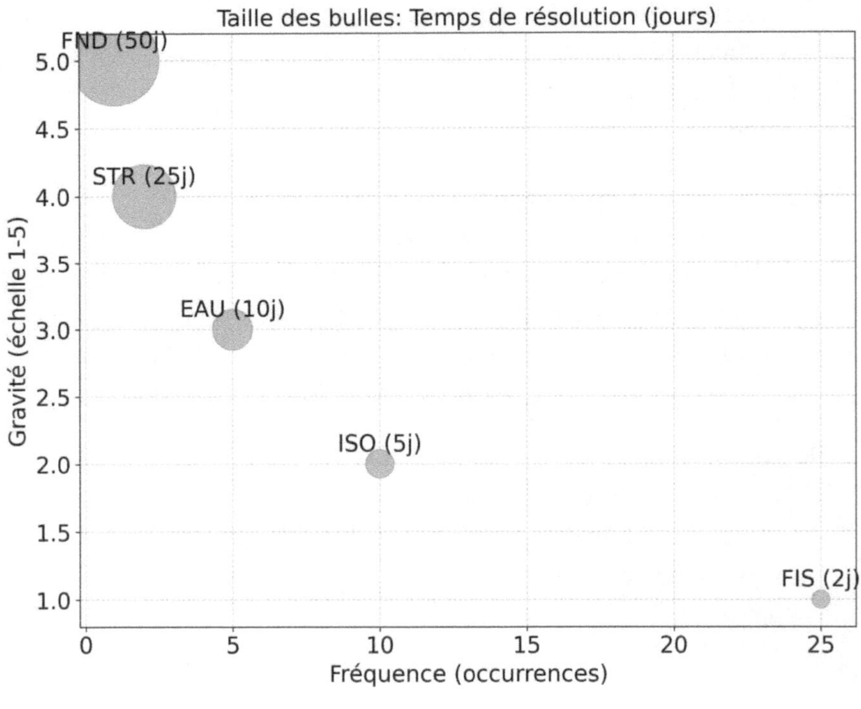

Blasengröße: Temps de résolution (jours)

EAU: Fuites d'eau

FND: Problèmes de fondation

STR: Problèmes structurels

FIS: Fissures

ISO: Problèmes d'isolation

La plupart des défauts sont de faible gravité et sont résolus rapidement. Cependant, quelques défauts de haute gravité nécessitent beaucoup plus de temps pour être résolus, impactant les délais et les coûts du projet. Se concentrer sur la prévention de ces défauts de haute gravité pourrait conduire à des gains d'efficacité significatifs.

Conseils concrets

- Effectuez des visites régulières avec tous les participants au projet afin d'identifier et de discuter rapidement des éventuels défauts de qualité.
- Établissez un système de gestion des défauts numérique avec fonction photo et commentaire, permettant à tous les participants d'accéder à des informations à jour à tout moment.
- Attribuez des parrainages pour des éléments ou des métiers spécifiques à des participants au projet, qui sont responsables de l'assurance qualité dans leur domaine.
- Développez un système de feux tricolores pour visualiser l'état de qualité des différentes phases de construction, afin de rendre les progrès transparents.
- Effectuez des contrôles de qualité non seulement de manière aléatoire, mais à toutes les interfaces pertinentes entre les métiers.
- Créez des listes de contrôle pour les principaux critères de qualité de chaque métier, servant de base pour la réception.
- Organisez des ateliers pour élaborer ensemble des solutions aux problèmes de qualité récurrents.
- Utilisez des modèles 3D pour parcourir virtuellement des éléments complexes et leurs connexions, afin d'identifier rapidement les points faibles potentiels.
- Intégrez le contrôle de qualité dans le calendrier de construction, afin de prévoir suffisamment de temps pour des vérifications minutieuses.

3. 3 Coordination

La coordination dans la gestion de la construction de maisons durables minimise les conflits entre les corps de métier et optimise ainsi les coûts, le temps et la qualité. Des stratégies variées existent, allant de la vérification des collisions de modèles 3D à l'intégration BIM en passant par l'application de la blockchain, pour gérer les flux d'informations complexes et améliorer la collaboration de toutes les parties prenantes. L'évitement des erreurs de planification et la résolution précoce des conflits sont essentielles au succès du projet. Découvrez dans ce chapitre comment relever ces défis.

Dans la construction durable, une coordination efficace, semblable à l'orchestration dans des organisations complexes, est la clé du succès du projet, car elle minimise les conflits, favorise la transparence et permet une planification efficace des ressources.

Coordination des corps de métier

La coordination des corps de métier dans la construction durable implique l'harmonisation précoce et continue de tous les corps de métier impliqués dans le projet, afin de minimiser les conflits ainsi que les coûts et les retards associés. Une tâche centrale est d'éviter les collisions dans le dmodell, qui peuvent survenir en raison de différents états de planification ou de données inexactes. Une méthode de coordination séquentielle, où les corps de métier présentent et harmonisent leur planification successivement, peut réduire le nombre de conflits et de réunions nécessaires [s30]. Cela contraste avec une méthode parallèle, où tous les corps de métier planifient simultanément. Un modèle centralisé, accessible à tous les participants, permet une collaboration efficace et conduit à une qualité supérieure du produit final [s31]. L'utilisation de Building Information Modeling (BIM) facilite la visualisation et la coordination des corps de métier mécaniques, électriques et sanitaires (MEP), qui traditionnellement occupent une part importante du temps de projet [s30]. Grâce à l'intégration de BIM dans le cloud computing, les différents corps de métier peuvent mieux intégrer et coordonner leurs planifications, dès la phase de conception. Les technologies de détection des conflits permettent d'identifier et de résoudre les collisions tôt, avant qu'elles ne causent des problèmes sur le chantier. La responsabilité d'une coordination fluide des corps de métier incombe au chef de projet, qui coordonne toutes les tâches liées à la conception du bâtiment et supervise les activités associées [s31]. Il s'assure que toutes les informations dans les différentes phases du modèle sont correctes et complètes, et vérifie les responsabilités et les modifications en cas d'incohérences constatées. La surveillance des flux de données et le contrôle de la qualité de l'information entre les corps de métier font également partie de ses tâches. Dans des projets complexes avec de nombreux participants, la détection et la résolution précoces des conflits par le chef de projet sont particulièrement importantes. La formation du personnel aux technologies BIM est cruciale pour éviter les malentendus et les problèmes de communication [s30]. De plus, des technologies avancées telles que l'apprentissage automatique combinées à BIM peuvent encore améliorer l'efficacité de la coordination et réduire les conflits non pertinents [s30]. L'intégration de la technologie blockchain dans la gestion des bâtiments offre un potentiel supplémentaire pour améliorer la coordination des corps de métier [s32]. Les contrats intelligents permettent une gestion sécurisée et transparente des modifications apportées aux modèles et aident à définir clairement les responsabilités. Un système basé sur la blockchain, orienté utilisateur, peut fournir une plateforme commune pour tous les participants au projet et soutenir la coordination des informations ainsi que l'atteinte des objectifs de conception durable. Cependant, il est également nécessaire de prendre en compte les risques techniques, financiers et juridiques associés à l'application de la technologie blockchain [s32]. Un exemple serait le stockage des données BIM et des modifications apportées à ces données dans la blockchain, afin d'assurer une documentation inviolable de l'ensemble du processus de planification. Cela pourrait, entre autres, contribuer à éviter les litiges concernant les responsabilités et l'exécution correcte des modifications de planification.

Bon à savoir

Building Information Modeling (BIM)
Une méthode de modélisation numérique qui regroupe toutes les informations pertinentes sur un bâtiment dans un modèle central. BIM soutient la coordination des corps de métier et la mise en œuvre de méthodes de construction durables grâce à une meilleure visualisation et analyse des données.

Corps de métier mécaniques, électriques et sanitaires (MEP)
Ces corps de métier sont particulièrement importants dans la construction durable pour l'intégration de systèmes écoénergétiques et de technologies économes en ressources. Leur coordination est essentielle pour la fonctionnalité et la durabilité du bâtiment.

Technologies de détection des conflits
Solutions logicielles qui identifient les incohérences et les collisions dans les modèles numériques de bâtiments. Dans la construction durable, ces technologies aident à identifier tôt les erreurs de planification et à garantir la mise en œuvre de mesures durables.

Effort de coordination des corps de métier

Effort de coordination par corps de métier

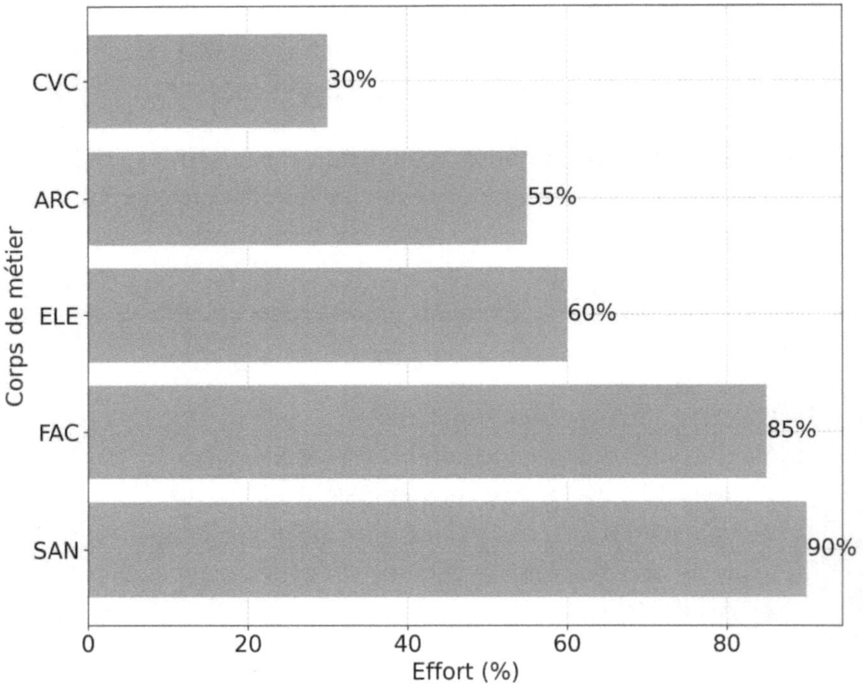

ARC: Architecture

CVC: Chauffage, Ventilation, Climatisation

ELE: Électricité

FAC: Façade

SAN: Sanitaire

Le diagramme à barres horizontales visualise l'effort de coordination relatif des différents corps de métier dans la construction durable. Le CVC et l'architecture nécessitent le plus grand effort de coordination, tandis que l'électricité et la façade nécessitent un effort moindre mais néanmoins significatif. Le sanitaire nécessite le moins d'effort.

Gestion des délais

La gestion des délais dans le processus de construction influence de manière significative le succès du projet dans le domaine de la construction durable. Une planification temporelle précise, qui prend en compte toutes les dépendances entre les différents paquets de travail, constitue la base d'une exécution efficace du projet. Il est essentiel non seulement de calculer la durée des différents corps de métier, mais aussi de planifier les transitions entre eux, y compris les temps de réserve nécessaires pour les événements imprévus. À l'instar de la planification préalable des délais dans d'autres domaines, comme décrit dans [s33], une planification anticipée des délais dans le secteur de la construction augmente l'efficacité et aide à identifier rapidement les retards potentiels. Un calendrier détaillé sert d'outil de communication et permet à toutes les parties prenantes de suivre de manière transparente l'avancement du projet et de réagir à temps aux écarts. Pour la mise en œuvre, la méthode du chemin critique est recommandée, car elle identifie le chemin le plus long à travers le réseau de projet et détermine ainsi la date d'achèvement la plus précoce possible. Toutes les activités sur ce chemin sont critiques, car tout retard dans ces travaux affecte directement la date globale. La connaissance du chemin critique permet au chef de projet d'utiliser les ressources de manière ciblée et d'apporter des ajustements si nécessaire. Par exemple, des gains de temps peuvent être réalisés en optimisant les flux de travail critiques ou en accélérant certains corps de métier. À l'instar de l'ajustement en temps réel dans l'approvisionnement énergétique, comme expliqué dans [s34], la surveillance continue et l'ajustement du calendrier de construction permettent une réaction flexible aux événements imprévus et contribuent à la stabilité du déroulement du projet. En plus de la planification temporelle proprement dite, la communication joue un rôle décisif dans la gestion réussie des délais. Des réunions de chantier régulières, où l'état actuel du projet est discuté avec toutes les parties prenantes, servent à l'échange d'informations et à l'identification précoce des problèmes potentiels. Il est important de communiquer ouvertement non seulement les progrès, mais aussi les difficultés éventuelles et les ajustements nécessaires du calendrier. La documentation des résultats des réunions et la disponibilité transparente de toutes les informations pertinentes pour toutes les parties prenantes sont essentielles pour une collaboration fluide. Une plateforme de projet numérique peut apporter un soutien précieux en permettant un accès centralisé à tous les documents et informations pertinents et en simplifiant la communication entre les participants au projet. En impliquant tôt tous les corps de métier dans la planification des délais et en communiquant de manière transparente, les conflits peuvent être minimisés et une exécution efficace du projet peut être assurée. Ainsi, un déroulement sans heurts est garanti et le projet peut être achevé dans les délais et dans le budget imparti. Une gestion réfléchie et active des délais contribue donc de manière significative au succès d'un projet de construction durable.

Chemin Critique [i25]

Réunion de chantier [i26]

Bon à savoir

Chemin critique

Le chemin critique dans la construction durable est la séquence de paquets de travail qui détermine la durée totale du projet. Les retards sur ce chemin affectent directement la date d'achèvement. L'identification et l'optimisation du chemin critique sont donc essentielles pour une gestion efficace du projet.

Paquets de travail

Dans la planification de la construction durable, des paquets de travail sont définis pour diviser l'ensemble du processus de construction en unités plus petites et plus gérables, permettant ainsi un meilleur contrôle et une meilleure coordination. Cela facilite l'allocation des ressources et le suivi des progrès.

Plateforme de projet numérique

Une plateforme de projet numérique peut améliorer la coordination et la communication entre les participants au projet dans la construction durable en permettant un accès central à toutes les informations et documents pertinents.

Réunions de chantier

Des réunions de chantier régulières servent à la coordination de toutes les parties prenantes dans la construction durable. Les progrès, les problèmes et les ajustements nécessaires du plan de construction y sont discutés pour garantir un déroulement sans heurts.

Respect du calendrier dans la construction durable

Comparaison du calendrier prévu et réel pour les pratiques de construction durable.

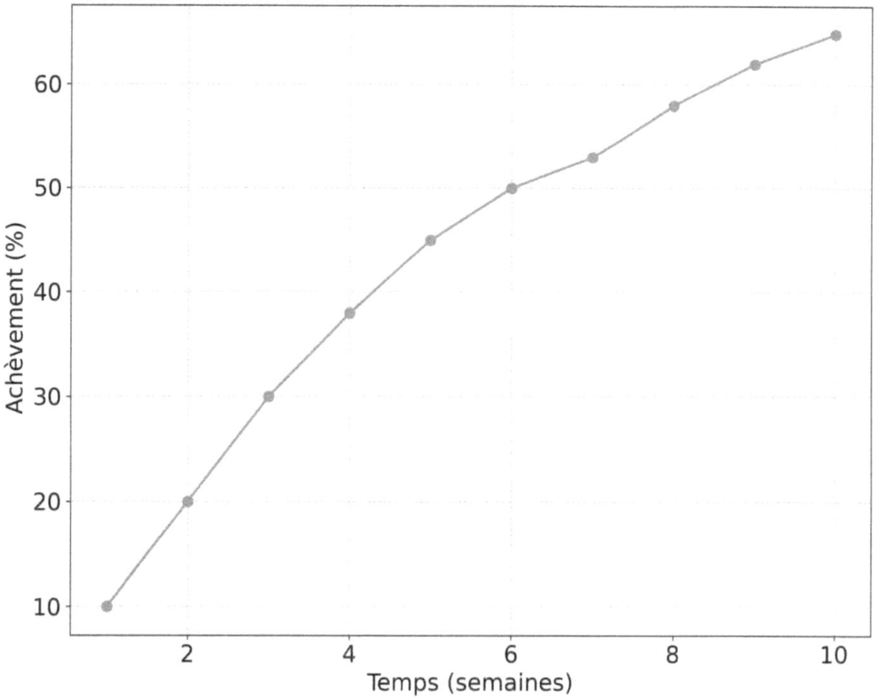

Le graphique indique une adhésion initiale au calendrier prévu, suivie de retards croissants, potentiellement dus à des complexités imprévues dans la construction durable. La divergence souligne la nécessité d'une planification solide des imprévus et d'une gestion proactive des projets de construction durable pour minimiser les écarts et assurer l'achèvement dans les délais.

Gestion des conflits

La gestion des conflits dans le secteur de la construction est essentielle pour le succès des projets et influence le respect des délais et des budgets. Des perspectives et des intérêts différents des parties prenantes – architectes, planificateurs spécialisés, entreprises de construction et clients – peuvent entraîner des désaccords. Une gestion efficace des conflits comprend l'identification précoce des sources potentielles de conflit, l'analyse des causes et le développement de solutions communes. Tout comme dans la coordination des organisations internationales, où un manque de leadership et des mandats flous entraînent des difficultés de coordination, l'absence d'une responsabilité claire pour la résolution des conflits dans le secteur de la construction peut également conduire à des inefficacités et des retards. Il est donc conseillé de désigner une instance centrale, comparable à l'"Orchestrateur" dans le contexte international, qui coordonne la résolution des conflits et promeut des stratégies de résolution de problèmes communes. Les conflits naissent souvent d'une communication floue, de lacunes d'information ou d'interprétations divergentes des conditions contractuelles. Un briefing de projet détaillé, une documentation transparente et des réunions régulières entre les parties prenantes minimisent le risque de malentendus. Des plateformes numériques, qui permettent à toutes les parties d'accéder aux plans, documents et historiques de communication à jour, soutiennent le flux d'informations et favorisent la transparence. Cela permet de détecter et de résoudre les conflits rapidement, avant qu'ils ne s'intensifient et n'entravent l'avancement du projet. Les dimensions de la coordination, telles que la gestion des connaissances interorganisationnelles et la résolution commune de problèmes, s'appliquent également dans le secteur de la construction. L'échange de savoir-faire et l'élaboration conjointe de solutions sont essentiels pour une gestion efficace des conflits. Un processus de résolution des conflits structuré comprend plusieurs phases : - la définition du conflit et des parties impliquées, - l'analyse des causes du conflit, - le développement d'options de solution en concertation et - la détermination contraignante des mesures convenues. La documentation de la résolution des conflits et le suivi de la mise en œuvre sont des étapes importantes pour garantir que le conflit est résolu de manière durable. En cas de conflits graves qui ne peuvent être résolus en interne, il peut être judicieux de faire appel à un médiateur externe. Celui-ci aide les parties en conflit à trouver une solution amiable. Une culture de conflit bien établie, fondée sur une communication ouverte, un respect mutuel et une collaboration constructive, contribue à gérer efficacement les conflits et à mener le projet à bien. Tout comme dans des arrangements internationaux fragmentés, où l'absence d'un acteur dominant entraîne un manque d'initiative, la passivité dans la résolution des conflits dans le secteur de la construction peut également avoir des conséquences négatives. Une action proactive et la prise de responsabilité sont donc cruciales pour une gestion efficace des conflits. Un exemple serait la convocation précoce d'un atelier de résolution des conflits en cas de divergences d'opinion concernant la conception de la façade, afin d'élaborer ensemble une solution qui réponde à la fois aux exigences esthétiques de l'architecte et aux spécifications techniques de l'entreprise de construction. La documentation des résultats dans un procès-verbal de modification, accessible à toutes les parties, garantit la transparence et prévient les conflits futurs.

Bon à savoir

Culture de conflit

Une attitude positive envers la résolution des conflits dans la construction durable, fondée sur une communication ouverte et le respect, qui contribue à des solutions constructives, par exemple lors de la planification des processus de recyclage sur le chantier.

Gestion des conflits

Dans la construction durable, la gestion des conflits comprend la détection précoce et la résolution des désaccords, par exemple lors du choix de matériaux durables, afin de ne pas compromettre les objectifs du projet.

Sources de conflits potentiels dans la coordination de la construction durable

Répartition des sources de conflits potentiels lors de la coordination de la construction.

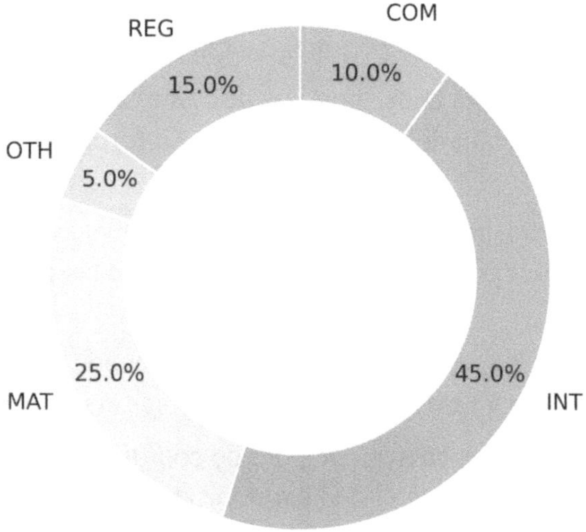

COM: Communication et flux d'information

INT: Conflits d'interface (BIM, MEP, etc.)

MAT: Disponibilité et logistique des matériaux

OTH: Autres (ex: changements de budget, conditions du site)

REG: Conformité réglementaire et approbations

La visualisation souligne que les conflits d'interface représentent la source la plus importante de conflits potentiels, soulignant la nécessité d'une coordination BIM robuste et de protocoles de communication clairs. Bien que la disponibilité des matériaux et la conformité réglementaire soient également des facteurs notables, leurs proportions plus faibles suggèrent qu'une planification proactive et l'engagement des parties prenantes peuvent efficacement atténuer ces risques. La résolution du problème dominant des conflits d'interface doit être priorisée pour assurer une livraison fluide du projet dans la construction durable.

Conseils concrets

- Utilisez un calendrier numérique commun pour rendre la disponibilité de tous les corps de métier pour les réunions et les rendez-vous sur le chantier transparente.
- Créez un "journal de coordination" dans lequel toutes les décisions, accords et modifications pertinentes sont consignés.
- Établissez des voies et des horaires de communication fixes pour les corps de métier afin de structurer le flux d'informations et d'éviter les malentendus.
- Organisez des "sprints de coordination" réguliers avec les principaux corps de métier pour clarifier de manière ciblée les interfaces critiques.
- Visualisez les responsabilités pour la coordination des différents corps de métier à l'aide d'une matrice de rôles et de tâches.
- Mettez en place un "tableau de bord de coordination" qui présente de manière claire l'état actuel de l'harmonisation des corps de métier.
- Réalisez des "vérifications d'interface" où les corps de métier examinent ensemble les transitions critiques de leurs travaux.
- Développez un système de bonus pour les corps de métier qui se distinguent par une coordination particulièrement efficace.
- Établissez une culture de feedback où les corps de métier échangent régulièrement leurs expériences en matière de coordination et proposent des améliorations.

Révision - 3. Gestion de la construction

La construction durable nécessite une gestion de chantier réfléchie qui prend en compte de manière égale les aspects écologiques, économiques et sociaux. De la planification logistique initiale à la gestion des conflits, chaque étape influence la durabilité du projet. La logistique, en particulier, présente un grand potentiel d'optimisation. Au lieu de confier la gestion des matériaux aux sous-traitants, vous devriez développer un concept logistique central. Les centres de consolidation réduisent les distances de transport et minimisent ainsi les émissions de CO2, comme le montrent les simulations mentionnées dans le texte de départ. Pensez également à la modélisation numérique des processus logistiques. Un modèle 3D avec un calendrier détaillé et un aperçu des ressources permet une planification précise et une simulation des flux de matériaux et des mouvements de machines. Tenez compte des différents groupes de matériaux : les matériaux lourds comme le béton et l'acier génèrent la plus grande partie des émissions de transport et doivent donc être optimisés en priorité. Vérifiez également si des matériaux alternatifs avec une empreinte carbone plus faible peuvent être utilisés.

La gestion des ressources dans la construction durable va au-delà de l'utilisation efficace des matériaux et inclut également une gestion consciente du personnel. Investissez dans la formation continue de vos employés sur des sujets tels que les méthodes de construction économes en ressources et la réduction des déchets. Une main-d'œuvre motivée et bien formée contribue de manière significative au succès du projet. Utilisez des indicateurs pour surveiller et optimiser l'efficacité des ressources. La gestion de la valeur acquise (EVM) offre des outils éprouvés à cet égard. Tenez également compte des incertitudes et des données potentiellement peu fiables lors de la planification. Des méthodes comme la logique floue peuvent vous aider à gérer ces imprécisions et à prendre des décisions éclairées. Veillez à une utilisation équilibrée des ressources tout au long de la durée du projet. Des pics de charge dans certaines phases peuvent entraîner des inefficacités et du gaspillage.

Une documentation complète est essentielle dans la construction durable. Documentez toutes les informations pertinentes depuis la première étape de planification jusqu'à la démolition du bâtiment. Cela inclut l'origine des matériaux, la méthode de construction, les contrôles de qualité effectués et les travaux d'entretien. Une documentation transparente crée la confiance, facilite la collaboration et permet une évaluation ultérieure de la performance en matière de durabilité. Un système de gestion des défauts numérique, idéalement lié au BIM, permet une collecte, une analyse et un traitement efficaces des défauts. Définissez des normes de qualité claires et des points de contrôle dans le processus de construction. La détection et la correction précoces des défauts permettent d'économiser du temps et des coûts. Impliquez également activement votre chaîne d'approvisionnement dans le processus et veillez à des accords contractuels clairs.

La coordination des corps de métier et la gestion des délais sont d'autres facteurs clés pour le succès de votre projet. Misez sur le Building Information Modeling (BIM) et les technologies de détection des conflits pour identifier et résoudre rapidement les collisions et les malentendus. Une méthode de coordination séquentielle, où les corps de métier présentent leur planification l'un après l'autre, peut réduire la complexité. Définissez des responsabilités claires pour la coordination des corps de métier et formez votre personnel à l'utilisation des technologies BIM. Une planification temporelle précise tenant compte du chemin critique est essentielle pour respecter les délais. Des réunions de chantier régulières et une plateforme de projet numérique favorisent la communication et la transparence. Une gestion proactive des conflits complète votre gestion de chantier. Établissez une culture de conflit positive et un processus structuré de résolution des conflits. Soyez proactif dans la résolution des conflits et n'hésitez pas à faire appel à un médiateur externe si nécessaire.

La construction durable impose de fortes exigences à la gestion de chantier. Avec une approche holistique qui prend en compte tous les aspects, de la logistique à la gestion des conflits, vous pouvez relever ces défis et réaliser votre projet de manière réussie et durable. Investissez dans les technologies numériques, favorisez la collaboration et la communication, et créez une culture de transparence et d'amélioration continue. L'effort supplémentaire en vaut la peine – pour vous, vos clients et l'environnement.

4. Efficacité des ressources

Comment pouvons-nous gérer de manière responsable les ressources limitées de notre planète tout en construisant des bâtiments de haute qualité ? Le secteur de la construction est confronté au défi de concilier la demande croissante de logements avec les limites de la disponibilité des matières premières naturelles. Les concepts de construction modernes montrent qu'une gestion réfléchie des ressources non seulement préserve l'environnement, mais offre également des avantages économiques. Une utilisation intelligente de l'eau, des matériaux et de l'énergie devient un facteur de succès décisif pour une construction durable. Dans ce chapitre, vous découvrirez des stratégies éprouvées qui optimiseront votre projet de construction tant sur le plan écologique qu'économique.

4. 1 Gestion de l'eau

La gestion efficace de l'eau dans le bâtiment est essentielle pour une construction durable. Elle réduit la consommation d'eau potable et la quantité d'eaux usées, ce qui permet d'économiser des coûts et de préserver l'environnement. De la collecte des eaux de pluie à la valorisation des eaux grises en passant par des installations économes en eau, il existe de nombreuses possibilités de minimiser l'empreinte hydrique. Découvrez ci-dessous comment mettre en œuvre ces stratégies de manière optimale dans votre projet de construction.

> *"La gestion intégrée de l'eau dans la maison comprend non seulement la collecte des eaux de pluie et le traitement des eaux grises*

Utilisation des eaux pluviales

L'utilisation des eaux pluviales offre dans le contexte de la construction durable diverses possibilités d'application, tant pour les ménages privés que pour les bâtiments commerciaux [s35]. En collectant et en stockant l'eau de pluie, on peut réduire la demande en eau potable traitée et ainsi contribuer à un mode de vie respectueux des ressources [s35]. L'eau de pluie est notamment adaptée pour la chasse d'eau, l'arrosage du jardin et la machine à laver. En utilisant l'eau de pluie à ces fins, la consommation d'eau potable diminue, ce qui entraîne des économies sur les coûts de l'eau [s35]. De plus, l'utilisation de l'eau de pluie peut réduire la charge sur le réseau d'égouts public lors d'événements de fortes pluies et ainsi contribuer à la réduction des inondations [s35]. La qualité de l'eau de pluie collectée est influencée par divers facteurs, notamment la nature de la surface du toit et les conditions environnementales [s35]. Par conséquent, des contrôles réguliers de la qualité de l'eau sont recommandés. Le cas échéant, un traitement supplémentaire peut être nécessaire pour répondre aux exigences de l'utilisation prévue [s35]. Pour l'utilisation comme eau potable, des critères de qualité plus stricts et un traitement approprié sont indispensables. Dans l'agriculture également, l'utilisation des eaux pluviales contribue à la gestion durable des terres cultivées [s36]. Le stockage de l'eau de pluie dans des citernes ou des bassins de rétention permet l'irrigation des champs pendant les périodes de sécheresse et réduit la dépendance à d'autres sources d'irrigation [s36]. Cela augmente la sécurité de l'eau et contribue à l'amélioration des rendements agricoles [s36]. La combinaison de la gestion des eaux pluviales avec une technique d'irrigation efficace optimise la consommation d'eau et augmente la productivité de l'eau [s36]. Un agriculteur peut, en construisant des bassins de rétention ou en aménageant des zones d'infiltration, stocker l'eau de pluie de manière ciblée et ainsi améliorer la disponibilité de l'eau sur ses champs.

Citerne [i27]

Immeuble commercial [i28]

bassin de rétention [i29]

épisode de fortes pluies [i30]

Bon à savoir

Événements de fortes pluies

Les systèmes d'utilisation des eaux pluviales peuvent contribuer à atténuer les effets des événements de fortes pluies en retenant l'eau et en soulageant ainsi le réseau d'égouts. Cela réduit le risque d'inondations et protège les infrastructures.

Utilisation des eaux pluviales

Dans la construction durable, l'utilisation des eaux pluviales joue un rôle important pour réduire la consommation d'eau potable et diminuer l'impact environnemental. En collectant l'eau de pluie, celle-ci peut être réutilisée à diverses fins, telles que la chasse d'eau ou l'arrosage du jardin, ce qui contribue à une utilisation plus efficace de la ressource en eau.

Zones d'infiltration

Les zones d'infiltration permettent l'infiltration naturelle de l'eau de pluie dans le sol et contribuent ainsi à la recharge des nappes phréatiques. Dans la construction durable, elles sont utilisées pour soutenir le cycle de l'eau et soulager le réseau d'égouts.

Potentiel de Récupération des Eaux Pluviales

Utilisations typiques et économies estimées

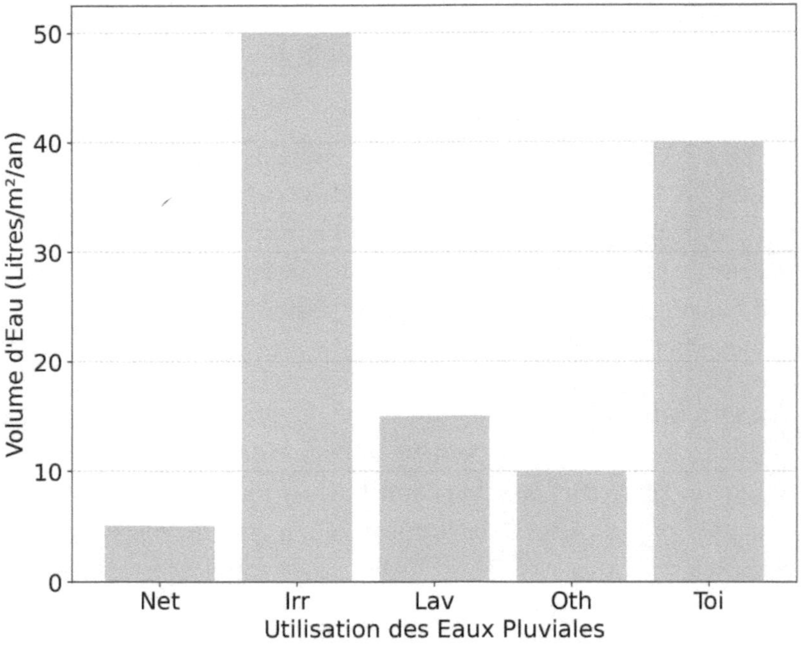

Irr: Irrigation

Lav: Lessive

Net: Nettoyage

Oth: Autre

Toi: Toilettes

Ce graphique met en évidence le potentiel important de la récupération des eaux pluviales pour réduire la demande en eau potable dans les bâtiments. La chasse d'eau des toilettes et l'irrigation des jardins représentent les plus grandes opportunités de substitution, montrant comment l'eau de pluie peut efficacement remplacer l'utilisation d'eau traitée pour des usages non potables. La mise en œuvre de ces stratégies contribue à la conservation de l'eau et favorise des pratiques de construction durables.

Traitement des eaux grises

Les eaux grises, c'est-à-dire les eaux usées provenant des douches, des lavabos et des machines à laver, présentent un potentiel d'économie considérable pour l'eau potable. Contrairement aux eaux noires, qui contiennent des matières fécales, les eaux grises sont moins polluées et peuvent être réutilisées après traitement pour divers usages [s37]. Le traitement décentralisé des eaux grises directement à la source – par exemple, dans les ménages ou les bâtiments commerciaux – offre des avantages écologiques et économiques. Ainsi, grâce à l'utilisation d'installations modulaires, adaptées à la quantité d'eaux grises produites, de l'eau traitée peut être obtenue pour l'arrosage des jardins ou la chasse d'eau des toilettes [s37]. Cela réduit non seulement la consommation d'eau potable, mais soulage également le réseau d'égouts, ce qui est particulièrement pertinent lors d'événements de fortes pluies. Le traitement lui-même comprend divers procédés, comparables aux étapes du traitement de l'eau potable, tels que la coagulation, la floculation et la désinfection, afin d'optimiser la qualité de l'eau pour l'usage prévu [s37]. Un propriétaire de maison avec jardin pourrait ainsi réduire considérablement ses besoins en eau potable en installant une installation appropriée, tout en préservant l'environnement. L'investissement dans une telle installation peut s'amortir à long terme grâce aux économies réalisées sur les coûts de l'eau [s37]. De plus, la réutilisation des eaux grises, en particulier dans les régions à faible disponibilité en eau, contribue à une gestion de l'eau plus durable.

Chasse d'eau [i31]

Arrosage du jardin [i32]

Bon à savoir

Traitement décentralisé

Traitement des eaux usées directement sur place, par exemple dans les ménages ou les bâtiments commerciaux, plutôt que dans une station d'épuration centrale. Cela permet un traitement des eaux usées flexible et respectueux des ressources, adapté aux besoins individuels.

Eaux noires

Eaux usées fortement polluées contenant des matières fécales et nécessitant un nettoyage intensif avant de pouvoir être réutilisées ou rejetées dans l'environnement. Contrairement aux eaux grises, les eaux noires ne sont pas adaptées à une réutilisation directe.

Désinfection

Élimination des agents pathogènes dans l'eau par des procédés chimiques ou physiques, tels que l'irradiation UV ou le chlorage. La désinfection est une étape importante dans le traitement de l'eau pour garantir la sécurité de l'eau.

Potentiel de Recyclage des Eaux Grises

Sources potentielles d'eaux grises dans un ménage typique.

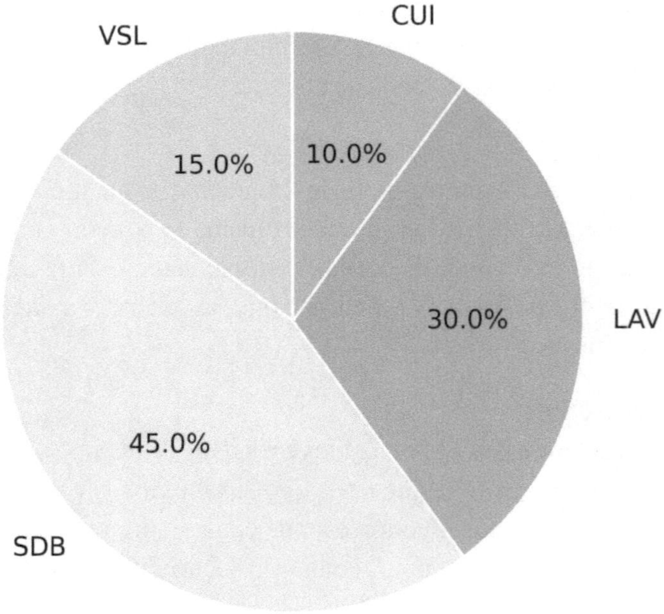

CUI: Éviers de Cuisine
LAV: Eau de Lessive
SDB: Éviers de Salle de Bain
VSL: Eau de Douche

Une partie importante de la consommation d'eau des ménages peut être attribuée à des sources adaptées au recyclage des eaux grises. La mise en place d'un système d'eaux grises peut réduire considérablement la consommation d'eau potable pour des usages non potables comme la chasse d'eau des toilettes et l'irrigation, favorisant ainsi la conservation de l'eau et réduisant la pression sur les ressources en eau municipales. Se concentrer sur la captation et le traitement de l'eau des douches et de la lessive offre le plus grand potentiel d'économies d'eau.

Installation économisant l'eau

Les installations économisant l'eau contribuent de manière significative à la réduction de la consommation d'eau dans les bâtiments. Robinetterie et appareils à faible débit minimisent le besoin en eau sans compromettre le confort. Les pommeaux de douche avec un limiteur de débit intégré consomment nettement moins d'eau que les modèles traditionnels, et les chasses d'eau économes avec bouton d'économie ou chasse à deux volumes permettent une utilisation adaptée aux besoins. L'utilisation de robinetterie à capteur dans les lavabos et les sanitaires publics réduit également la consommation, car l'eau ne coule que lorsque cela est nécessaire, évitant ainsi un écoulement inutile. Un robinet qui fuit peut gaspiller une quantité considérable d'eau au cours d'une année. Il est donc conseillé d'effectuer un entretien régulier et, si nécessaire, de remplacer les joints des robinets. En plus de ces mesures aux points de prélèvement, l'installation de valves de réduction de pression au niveau de l'arrivée d'eau domestique permet de réguler la pression de l'eau et ainsi de réduire la consommation totale. Une pression d'eau trop élevée entraîne non seulement une augmentation de la consommation d'eau, mais peut également réduire la durée de vie des robinets et des canalisations. Lors du choix d'appareils électroménagers tels que les machines à laver et les lave-vaisselle, il convient de prêter attention à leur consommation d'eau. Les appareils à faible consommation d'eau et à haute classe d'efficacité énergétique contribuent à la fois à l'économie d'eau et à la réduction des coûts énergétiques. En combinant différentes mesures d'économie d'eau, il est possible de réduire considérablement la consommation d'eau dans les bâtiments et de contribuer à une utilisation durable de l'eau. Une nouvelle construction offre l'occasion optimale de mettre en place dès le départ des installations économisant l'eau, établissant ainsi les bases d'un fonctionnement respectueux des ressources. Dans les bâtiments existants, de nombreuses mesures peuvent être ajoutées avec un effort raisonnable. Par exemple, un propriétaire pourrait réduire considérablement sa consommation d'eau lors de la douche en remplaçant son ancien pommeau de douche par un modèle moderne et économisant l'eau, sans avoir à renoncer au confort.

Bon à savoir

Chasse à deux volumes
Chasse d'eau avec deux boutons pour différentes quantités d'eau – une plus petite pour les liquides et une plus grande pour les solides.

Limiteur de débit
Un composant installé dans les pommeaux de douche ou les robinets pour réduire le débit d'eau et ainsi économiser de l'eau.

Robinetterie
Robinets, pommeaux de douche et autres dispositifs de sortie qui contrôlent le flux d'eau. Dans le cadre de la construction durable, des modèles économes en eau sont privilégiés pour minimiser la consommation d'eau.

Valves de réduction de pression
Valves qui réduisent la pression de l'eau à l'arrivée d'eau domestique. Une pression d'eau plus basse peut diminuer la consommation d'eau et prolonger la durée de vie des canalisations et des robinets.

Potentiels d'économies d'eau

Potentiels d'économies dans la consommation d'eau.

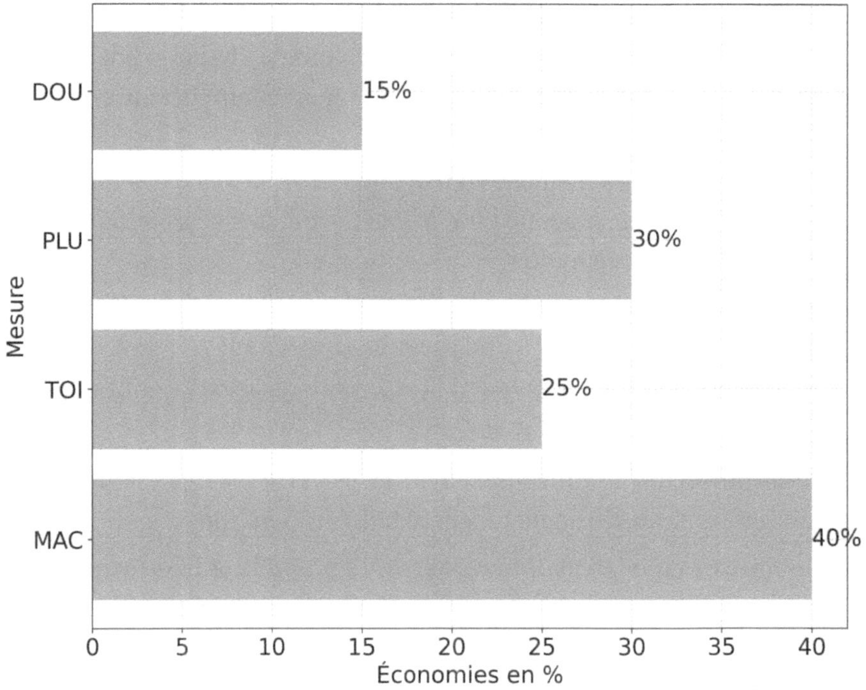

DOU: Pommeau de douche

PLU: Eau de pluie

MAC: Machine à laver

TOI: Toilettes

Le diagramme à barres horizontal visualise les économies d'eau potentielles de différentes mesures. Les pommeaux de douche à faible débit offrent le plus grand potentiel d'économies, suivis des toilettes économes en eau. L'utilisation de l'eau de pluie pour l'arrosage du jardin offre également des économies considérables. Dans l'ensemble, le diagramme montre que la combinaison de différentes mesures permet d'économiser des quantités considérables d'eau.

Conseils concrets

- Déterminez la consommation d'eau de votre système d'irrigation actuel et fixez-vous des objectifs d'économie réalistes.
- Développez un système d'irrigation dynamique qui évalue les besoins en eau des plantes en fonction des mesures d'humidité du sol et des prévisions météorologiques.
- Utilisez des matériaux rétenteurs d'eau comme l'hydrogel dans le sol pour prolonger les intervalles d'irrigation et réduire la consommation d'eau.
- Expérimentez des méthodes d'irrigation alternatives telles que l'irrigation goutte à goutte ou l'irrigation souterraine pour minimiser les pertes par évaporation.
- Collectez l'eau de condensation de votre climatiseur et utilisez-la pour arroser les plantes à l'intérieur et à l'extérieur.
- Dirigez l'eau de votre lavabo dans un petit récipient et utilisez-la pour arroser les plantes d'intérieur.
- Construisez un jardin vertical avec un système d'irrigation intégré qui utilise l'eau plusieurs fois et réduit l'évaporation.
- Établissez un bilan hydrique pour votre propriété afin de capturer tous les apports et les sorties et de révéler les potentiels d'optimisation.
- Installez un compteur d'eau pour chaque consommateur afin d'analyser en détail la consommation d'eau et d'identifier les potentiels d'économie.

4. 2 Prévention des déchets

Dans la construction durable, la prévention des déchets joue un rôle central pour l'efficacité des ressources. Les énormes quantités de déchets sur les chantiers pèsent considérablement sur l'environnement. Une planification efficace, une estimation optimisée des besoins en matériaux et la mise en œuvre cohérente de la hiérarchie des déchets – prévention, réutilisation, recyclage, élimination – minimisent cette charge. La réduction des matériaux d'emballage grâce à des processus de commande adaptés et des systèmes de réutilisation contribue également de manière significative à la minimisation des déchets. Découvrez dans ce chapitre comment mettre en pratique ces stratégies et ainsi apporter une contribution importante à la construction durable.

L'efficacité des ressources dans le secteur de la construction commence par l'évitement des déchets grâce à une planification précise et à des processus optimisés, de l'évaluation des besoins en matériaux à la réduction des emballages.

Déchets de chantier

Les déchets de chantier sont produits en grande quantité et nuisent à l'environnement [s38]. Une gestion inadéquate des déchets, en particulier dans les pays en développement, aggrave ce problème [s38]. Pour y remédier, la prévention des déchets par une planification optimisée dès la phase de conception est essentielle [s38]. Une évaluation précise des besoins en matériaux peut réduire les commandes excessives et les déchets associés. La hiérarchie des déchets établit une priorité claire : prévention, réutilisation, recyclage et enfin élimination [s39]. Outre la prévention, la réutilisation des matériaux est un aspect important. Le béton, un matériau de construction fréquemment utilisé, peut par exemple être réutilisé à 35 % dans de nouveaux projets de construction après un tremblement de terre, réduisant ainsi le besoin en nouvelles matières premières et les émissions de CO_2 [s40]. Cette réutilisation favorise l'efficacité des ressources et contribue à une gestion durable des déchets [s40]. L'élaboration de plans de gestion des déchets complets, notamment pour les scénarios de catastrophe, aide à maximiser la réutilisation et le recyclage [s40]. Les incitations politiques pour une meilleure gestion des déchets ainsi que la promotion du recyclage et de la réutilisation sont également des outils importants pour minimiser les déchets [s38]. Un cadre juridique clair et l'établissement de pratiques respectueuses de l'environnement soutiennent ces efforts [s38]. Dans certaines régions, la mise en œuvre de directives sur les déchets a déjà permis de réduire considérablement la quantité de déchets mis en décharge [s38]. Traditionnellement, les déchets de construction et de démolition étaient souvent considérés comme sans valeur et mis en décharge [s39]. L'économie circulaire offre ici de nouvelles approches pour minimiser les impacts environnementaux négatifs [s39]. Pour les mettre en œuvre efficacement, des directives claires, des innovations technologiques et la prise en compte des aspects juridiques, techniques, sociaux, comportementaux et économiques sont nécessaires [s39].

Économie circulaire [i33]

Gestion des Déchets de Construction

Volume, coût et évitabilité des déchets par type dans la construction.

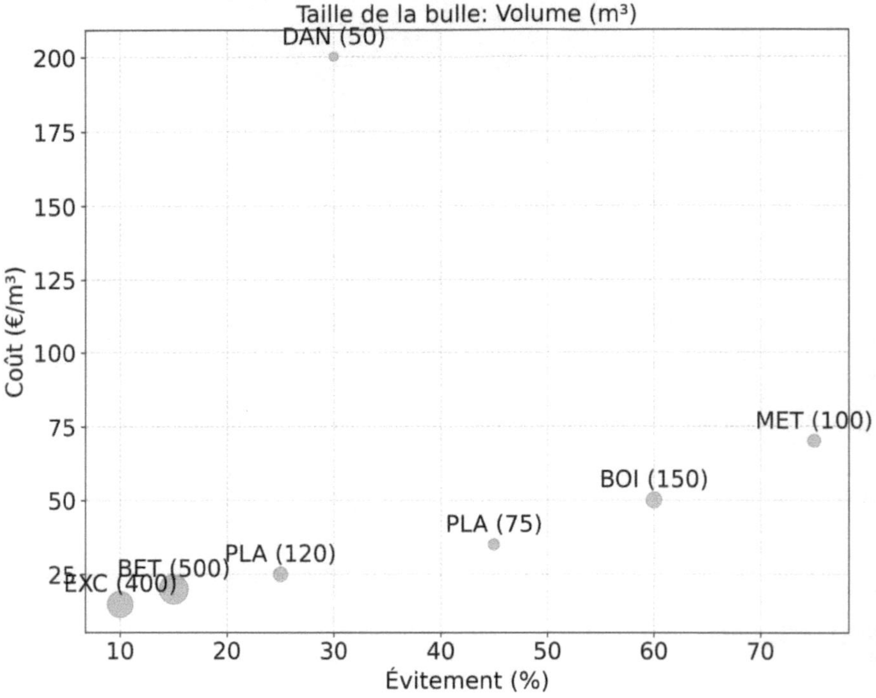

Blasengröße: Volume (m3)

BET: Béton	BOI: Bois
DAN: Dangereux	EXC: Excavation
MET: Métal	PLA: Plastique

Les déchets de béton et d'excavation représentent le plus grand volume, mais ont un potentiel d'évitement et un coût relativement faibles. Le bois et le métal, bien qu'en plus petit volume, ont un potentiel d'évitement significativement plus élevé, indiquant des opportunités d'amélioration des pratiques. Les déchets dangereux ont le coût unitaire le plus élevé, malgré leur faible volume, soulignant l'importance d'une gestion et d'une élimination soigneuses.

Réduction des emballages

La réduction des emballages sur les chantiers contribue de manière significative à la minimisation des déchets. Une grande partie des déchets dans le secteur de la construction provient des matériaux d'emballage des matériaux de construction. Grâce à des stratégies ciblées, ce volume peut être considérablement réduit [s41]. Une mesure centrale est l'optimisation des processus de commande et des chaînes d'approvisionnement. Au lieu de recevoir de nombreuses petites livraisons avec leur propre emballage, des livraisons plus importantes et groupées peuvent réduire la quantité d'emballage. Cela peut être comparé aux courses au supermarché : les produits emballés individuellement génèrent plus de déchets que les produits en vrac ou les grands conditionnements. Les modèles numériques de bâtiments permettent une planification précise des besoins en matériaux et minimisent ainsi les chutes et les surcommandes, ce qui réduit encore la quantité d'emballage générée [s41]. De plus, les systèmes de réutilisation des emballages, tels que les palettes ou les conteneurs, offrent un potentiel pour la prévention des déchets. Un autre point d'approche est l'utilisation de matériaux d'emballage recyclés et recyclables. En choisissant des emballages en matériau recyclé et en s'assurant qu'ils peuvent être réutilisés après usage, le cycle est fermé et l'impact environnemental est réduit [s42]. En complément, des campagnes d'information et des formations pour

Conteneur [i34]

Palettes [i35]

les travailleurs du bâtiment peuvent renforcer la sensibilisation à l'importance de la réduction des emballages et créer des incitations pour un usage responsable des matériaux d'emballage [s43].

Maquette du bâtiment [i36]

Bon à savoir

Campagnes d'information

Les campagnes d'information sensibilisent à la nécessité de prévenir les déchets sur le chantier.

Modèles numériques de bâtiments

Les modèles numériques de bâtiments permettent une évaluation précise des besoins en matériaux, ce qui entraîne moins de chutes et de matériaux d'emballage.

Processus de commande

Des processus de commande efficaces permettent de regrouper les livraisons de matériaux et réduisent ainsi les besoins en emballage.

Réduction des Emballages dans la Construction

Économies de Matériaux par Phase de Construction

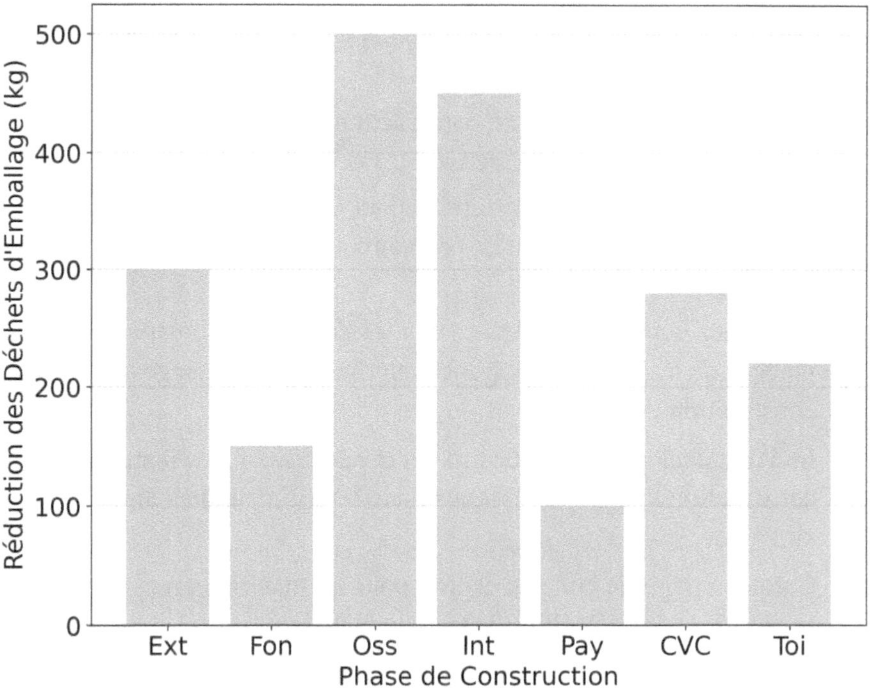

CVC: Installation CVC

Fon: Fondation

Oss: Ossature

Toi: Toiture

Ext: Finition Extérieure

Int: Finition Intérieure

Pay: Paysagement

Les données démontrent clairement un potentiel significatif de réduction des emballages dans les différentes phases de construction. L'ossature et les finitions intérieures montrent des opportunités d'amélioration particulièrement prometteuses. Bien que certaines phases comme les travaux de fondation utilisent intrinsèquement moins d'emballages, un effort ciblé dans toutes les étapes peut contribuer à une réduction substantielle des déchets globaux et promouvoir des pratiques de construction durables.

Conseils concrets

- Planifiez l'utilisation de systèmes de coffrage réutilisables pour minimiser le besoin en nouveaux matériaux et éviter les déchets.
- Organisez un échange de matériaux avec d'autres chantiers à proximité pour réutiliser les matériaux excédentaires et réduire les déchets.
- Optez pour des éléments de construction standardisés afin de minimiser le gaspillage et de faciliter la réutilisation.
- Développez un concept de reprise pour les matériaux d'emballage avec vos fournisseurs afin de promouvoir la réutilisation et le recyclage.
- Examinez la possibilité de recycler les déchets de construction sur place et de les réutiliser comme matériau de remplissage ou pour la construction de chemins.
- Intégrez dans votre planification la revalorisation des matériaux de construction tels que les briques ou le bois directement sur le chantier.
- Créez un point de collecte central pour les matériaux recyclables sur le chantier afin de faciliter le tri et le recyclage.
- Documentez précisément tous les flux de déchets de votre chantier pour identifier les potentiels d'optimisation et réduire la quantité de déchets.
- Recherchez des procédés de recyclage innovants pour les matériaux de construction qui étaient jusqu'à présent considérés comme non recyclables.
- Collaborez avec des entreprises de recyclage locales pour optimiser la valorisation des déchets de construction et autres déchets.

4. 3 Optimisation énergétique

L'optimisation de l'énergie sur le chantier réduit les coûts et minimise l'impact environnemental. De la sélection de machines de construction efficaces et de l'optimisation de la logistique de chantier à la réduction de la consommation d'énergie grâce à un éclairage intelligent et des systèmes de chauffage, chaque aspect influence le bilan énergétique. Le choix des matériaux de construction et des itinéraires de transport joue également un rôle décisif. Découvrez comment, grâce à des mesures ciblées et des technologies innovantes, vous pouvez préserver les ressources et améliorer la durabilité de votre projet de construction.

L'efficacité énergétique dans le bâtiment ne commence pas seulement avec le bâtiment achevé, mais déjà sur le chantier.

Énergie du chantier

Les chantiers consomment de l'énergie – pour les machines, l'éclairage, le chauffage et la fabrication des matériaux de construction. Cette consommation peut être réduite par des mesures ciblées, permettant ainsi de diminuer les coûts et de minimiser l'impact environnemental. Un facteur important est le choix des machines de construction. Les appareils modernes fonctionnent souvent plus efficacement que les modèles plus anciens et consomment moins de carburant ou d'électricité. Lors de la location ou de l'achat, faites attention aux indications concernant la consommation d'énergie et vérifiez si des alternatives à faibles émissions, comme des pelles ou des grues électriques, sont disponibles. La logistique du chantier influence également les besoins énergétiques. Des trajets de transport courts pour les matériaux et le personnel réduisent la consommation de carburant. Un stockage de matériaux bien planifié évite les transports inutiles et les temps de recherche. L'éclairage du chantier peut être optimisé grâce à l'utilisation de la technologie LED. Les lampes LED consomment nettement moins d'électricité que les lampes halogènes traditionnelles ou les lampes à vapeur métallique et ont une durée de vie plus longue. Des détecteurs de mouvement garantissent que l'éclairage n'est actif que lorsque cela est nécessaire. De plus, l'utilisation de la lumière naturelle, par une planification appropriée des flux de travail et le positionnement des postes de travail, peut réduire la consommation d'électricité. Pour le chauffage des conteneurs ou des espaces de travail temporaires, des appareils de chauffage écoénergétiques comme les chauffages infrarouges sont appropriés. Ceux-ci chauffent directement les personnes et les objets dans la pièce et non l'air, ce qui entraîne une consommation d'énergie réduite. [s44] Le choix des matériaux de construction influence également le bilan énergétique d'un chantier. La fabrication de certains matériaux est plus énergivore que celle d'autres. Les matériaux recyclés ou ceux issus de ressources renouvelables nécessitent souvent moins d'énergie lors de la production. En tenant compte de ces facteurs, la consommation d'énergie sur les chantiers peut être considérablement réduite. Une planification précise et le choix de technologies et de matériaux appropriés contribuent non seulement à des économies de coûts, mais aussi à la protection de l'environnement. Surveillez régulièrement la consommation d'énergie sur le chantier pour identifier les potentiels d'optimisation et contrôler l'efficacité des mesures. Comme pour une nouvelle construction axée sur l'efficacité énergétique, une planification anticipée est également bénéfique sur le chantier. En choisissant les bonnes machines et matériaux, ainsi qu'une logistique et un éclairage optimisés, les maîtres d'ouvrage et les entreprises peuvent non seulement économiser des coûts, mais aussi contribuer à la protection du climat.

Bon à savoir

À faibles émissions

Les machines de construction à faibles émissions, comme les pelles électriques, réduisent l'impact environnemental grâce à des émissions de polluants moindres et contribuent à améliorer la qualité de l'air sur et autour du chantier.

Chauffage infrarouge

Les chauffages infrarouges chauffent spécifiquement les personnes et les objets, et non l'air ambiant. Cela permet une distribution de chaleur plus efficace et réduit la consommation d'énergie par rapport aux systèmes de chauffage conventionnels, en particulier dans les installations de construction temporaires.

Lampes à vapeur métallique

Les lampes à vapeur métallique, qui étaient autrefois couramment utilisées sur les chantiers, consomment plus d'énergie que les alternatives modernes à LED et contiennent souvent des substances nocives pour l'environnement, comme le mercure.

Itinéraires de transport

Les itinéraires de transport jouent un rôle crucial dans le bilan énergétique global d'un projet de construction. Dès la phase de planification, la logistique de l'approvisionnement en matériaux doit être prise en compte. Des trajets courts pour les fournisseurs minimisent la consommation de carburant et donc les coemissionen. Les matériaux de construction régionaux réduisent non seulement les coûts de transport, mais soutiennent également l'économie locale. De plus, les délais de livraison sont raccourcis, ce qui peut avoir un impact positif sur la durée totale de construction. Le choix du mode de transport influence également la consommation d'énergie. Les camions à forte capacité de chargement diminuent le nombre de trajets. Lorsque cela est possible, l'utilisation du rail ou des voies navigables peut représenter une alternative plus écologique, comme dans le transport intermodal, qui combine différents modes de transport pour réduire les coûts logistiques et les émissions [s45]. Une logistique de chantier bien structurée, avec des zones de livraison et des créneaux horaires clairement définis, évite les temps d'attente inutiles et les trajets à vide. Des outils numériques pour la planification et l'optimisation des itinéraires offrent la possibilité de minimiser davantage la consommation d'énergie dans le transport, en comparaison avec des algorithmes qui analysent la consommation d'énergie en fonction de l'itinéraire choisi [s46]. Un entrepreneur de construction pourrait, par exemple, progressivement convertir sa flotte en camions électriques pour réduire encore les émissions – dans un contexte urbain, les bus électriques sont déjà une option recommandée [s45].

Transport intermodal [i37]

Camion électrique [i38]

Bon à savoir

Camions électriques

Les camions électriques utilisent des moteurs électriques pour la propulsion et ne produisent pas d'émissions de CO2 directes pendant la conduite. Ils contribuent à améliorer la qualité de l'air et réduisent le bruit sur le chantier. L'autonomie et l'infrastructure de recharge sont des facteurs importants pour l'intégration des camions électriques dans la logistique de construction.

Transport intermodal

Le transport intermodal combine différents modes de transport tels que camions, trains et navires pour transporter des marchandises. En utilisant les forces de chaque mode de transport, par exemple la flexibilité du camion et l'efficacité du train sur de longues distances, la consommation d'énergie et les émissions peuvent être réduites par rapport au transport routier pur.

Consommation d'énergie des transports

Consommation d'énergie par km pour différents modes de transport.

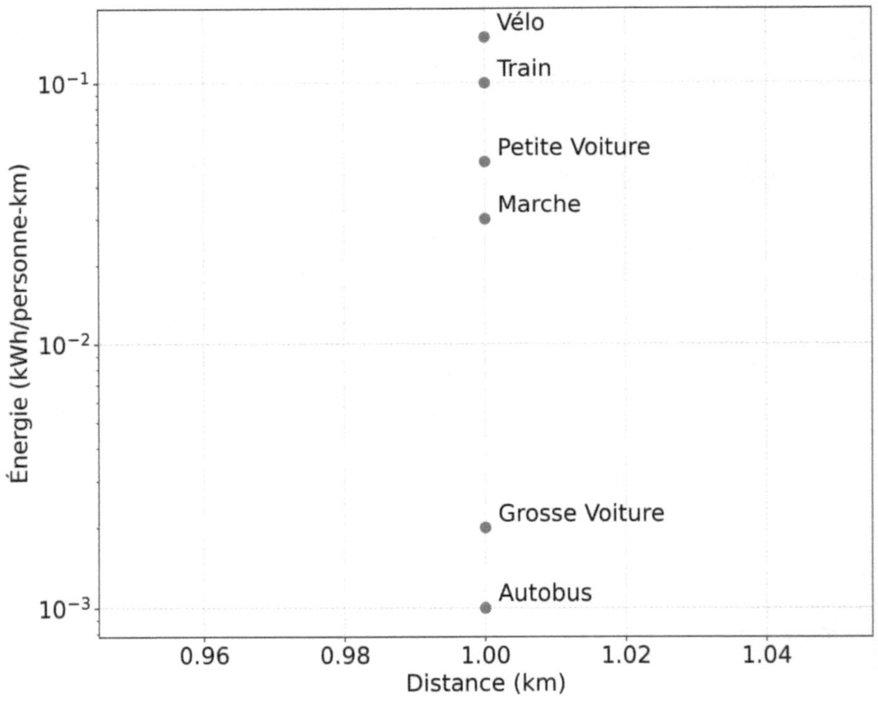

Ce graphique démontre clairement les différences significatives d'efficacité énergétique entre les différentes méthodes de transport. La marche et le vélo sont les options les plus durables, suivies par les transports en commun. Les véhicules privés, en particulier les plus grands, consomment considérablement plus d'énergie par kilomètre, soulignant l'importance de promouvoir les transports durables dans les pratiques de construction écologique.

Utilisation des machines

L'utilisation optimale des machines sur les chantiers contribue de manière significative à l'efficacité énergétique. En plus de la sélection déjà mentionnée d'appareils modernes et économes, les technologies numériques offrent un potentiel supplémentaire. L'apprentissage automatique peut prédire avec précision la consommation d'énergie et les coemissionen, optimisant ainsi la planification [s47]. L'intégration de la modélisation de l'information du bâtiment (BIM) avec maschinellem_lernen permet d'améliorer encore l'analyse énergétique [s47]. Par exemple, des algorithmes peuvent déterminer le moment optimal d'utilisation et la taille de machine appropriée pour chaque tâche. Cela évite les temps d'arrêt inutiles et le surdimensionnement. De plus, l'optimisation multi-objectifs (MOO) en lien avec l'apprentissage automatique permet d'augmenter considérablement à la fois l'efficacité énergétique et le confort thermique dans les bâtiments [s47]. La prise en compte des incertitudes dans les données et les modèles augmente la fiabilité des résultats [s47]. Une planification de maintenance préventive, également soutenue par l'apprentissage automatique, minimise les temps d'arrêt et prolonge la durée de vie des machines. En combinant ces outils numériques avec une logistique de chantier réfléchie et l'utilisation d'énergies renouvelables – par exemple, par des panneaux solaires pour alimenter les équipements de construction – l'empreinte écologique du projet de construction peut être considérablement réduite [s48]. Les données recueillies peuvent également servir de base pour des projets futurs, favorisant ainsi un processus d'amélioration continue dans la construction durable.

Énergies Renouvelables [i39]

Bon à savoir

Énergies renouvelables

Les énergies renouvelables, telles que l'énergie solaire ou éolienne, jouent un rôle important dans la construction durable. Leur utilisation réduit la dépendance aux combustibles fossiles et minimise les émissions de CO_2 des machines de construction et des bâtiments.

Planification de maintenance préventive

La planification de maintenance préventive utilise l'analyse des données et l'apprentissage automatique pour surveiller l'état des machines et détecter tôt les problèmes potentiels. Cela permet une maintenance ciblée et minimise les temps d'arrêt ainsi que les pertes d'énergie dues à des machines inefficaces.

Utilisation des machines et consommation d'énergie

Efficacité énergétique par type de machine

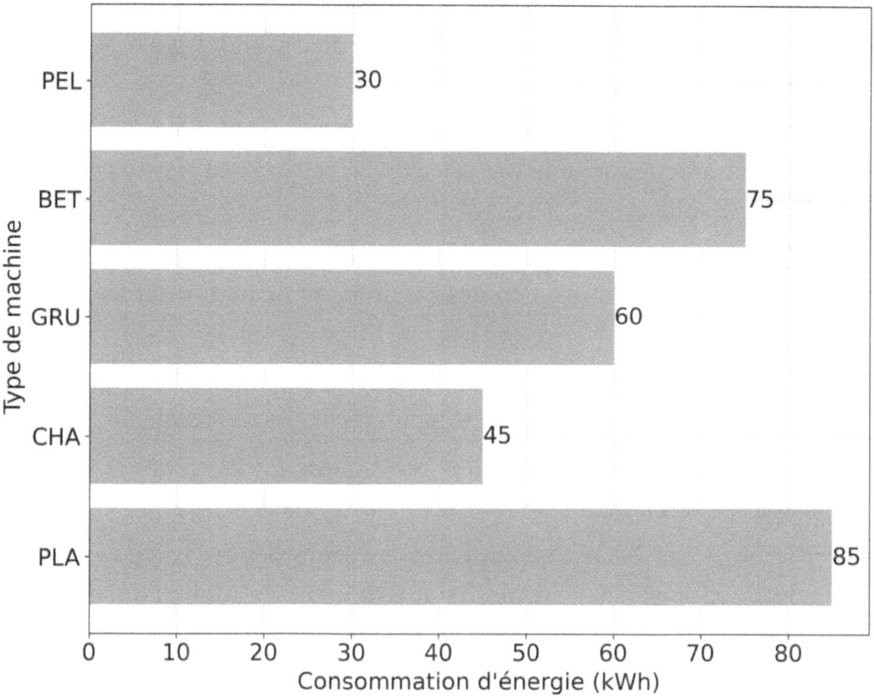

BET: Bétonnière

GRU: Grue

PLA: Plaque vibrante

CHA: Chargeur sur pneus

PEL: Pelle

Le diagramme à barres horizontal illustre la relation entre l'utilisation des machines et la consommation d'énergie. Une faible utilisation avec une consommation d'énergie élevée indique un potentiel d'optimisation. Les machines avec une utilisation élevée et une consommation d'énergie efficace représentent les meilleures pratiques.

Conseils concrets

- Utilisez la chaleur résiduelle des compresseurs ou des générateurs pour chauffer, par exemple, l'eau sanitaire.
- Mettez en place un tableau de bord énergétique qui visualise en temps réel la consommation de toutes les machines et installations.
- Organisez un concours parmi les ouvriers du bâtiment pour déterminer qui développe les méthodes de travail les plus écoénergétiques.
- Examinez l'utilisation d'engins de construction hybrides solaires, qui peuvent fonctionner à la fois avec de l'électricité du réseau et avec de l'énergie solaire.
- Développez un modèle de rotation pour l'exploitation du chantier afin d'optimiser l'utilisation des machines et de minimiser les temps d'arrêt.
- Misez sur la maintenance prédictive pour réduire la consommation d'énergie des machines en détectant précocement l'usure.
- Profitez des pauses des ouvriers pour mettre les machines et installations en mode veille et économiser de l'énergie.
- Vérifiez régulièrement la pression des pneus des engins de construction et des véhicules pour réduire la consommation de carburant.
- Déterminez le point de fonctionnement optimal de vos machines et formez les ouvriers à une utilisation efficace.
- Optez pour une construction légère dans les bâtiments temporaires afin de réduire les besoins en matériaux et en énergie pour le transport et l'installation.

Révision - 4. Efficacité des ressources

L'efficacité des ressources dans la construction est plus qu'une simple tendance – c'est une nécessité pour un avenir durable. Il s'agit de planifier et de mettre en œuvre avec soin et prévoyance afin de minimiser la consommation d'eau, d'énergie et de matériaux. Le chemin vers un projet de construction respectueux des ressources commence dès la phase de conception. Grâce à une évaluation précise des besoins en matériaux, à l'utilisation de modèles numériques de bâtiments et à la prise en compte des matériaux de construction régionaux, vous pouvez éviter les déchets et les transports inutiles dès le départ. Pensez à la hiérarchie des déchets : la prévention est la priorité, suivie de la réutilisation et du recyclage. Ne considérez pas les déchets de construction comme des ordures, mais comme une ressource précieuse qui peut être réintroduite dans le cycle. Un plan de gestion des déchets bien pensé vous aidera à mettre ces principes en pratique.

En plus de l'efficacité des matériaux, la gestion prudente de l'eau joue un rôle central. Intégrez des systèmes de récupération des eaux de pluie pour l'arrosage des jardins et les chasses d'eau dans votre projet. Le traitement des eaux grises offre également des potentiels d'économies et soulage le réseau d'égouts. Faites attention à choisir des modèles économes en eau lors de l'installation de robinetteries et d'appareils ménagers. Même de petites mesures, comme le remplacement d'une pomme de douche ou la réparation d'un robinet qui fuit, s'additionnent pour donner un résultat significatif. Dans les régions à faible disponibilité en eau, une utilisation efficace de l'eau contribue de manière significative à la sécurité d'approvisionnement à long terme.

Un autre aspect important est l'efficacité énergétique sur le chantier. Optez pour des machines de construction modernes à faibles émissions et optimisez la logistique du chantier pour minimiser les trajets de transport. Utilisez des énergies renouvelables chaque fois que possible, par exemple grâce à des installations solaires pour l'alimentation électrique. Il existe également d'importants potentiels d'économies en matière d'éclairage et de chauffage des installations temporaires. La technologie LED, les détecteurs de mouvement et les systèmes de chauffage écoénergétiques réduisent la consommation d'énergie et les coûts associés. Un contrôle régulier de la consommation d'énergie vous aide à identifier les potentiels d'optimisation et à vérifier l'efficacité des mesures.

La mise en œuvre de l'efficacité des ressources dans le secteur de la construction peut sembler initialement difficile. Les obstacles possibles incluent par exemple les coûts d'acquisition plus élevés pour les technologies écoénergétiques ou la nécessité d'adapter les processus existants. Cependant, à long terme, vous bénéficierez de coûts d'exploitation réduits, d'un impact environnemental moindre et d'une image améliorée. Soyez un pionnier et participez activement à façonner l'avenir de la construction. Investissez dans des solutions durables et créez des bâtiments qui ne sont pas seulement fonctionnels et esthétiquement agréables, mais qui préservent également les ressources de notre planète. Chaque pas vers l'efficacité des ressources est un pas dans la bonne direction.

5. Fin des travaux

Quand une maison est-elle vraiment terminée ? La fin des travaux marque la transition décisive du projet au bâtiment achevé - mais cette étape nécessite plus que le simple nettoyage du chantier. De l'ajustement technique à la documentation finale, chaque projet de construction durable passe par un examen systématique de tous les composants. Ce n'est que lorsque tous les paramètres sont conformes et que l'installation fonctionne de manière optimale que les bases d'un fonctionnement économe en énergie pendant des décennies sont posées. Les pages suivantes montrent ce qui est essentiel dans cette phase importante et quelles erreurs peuvent avoir des conséquences désastreuses par la suite.

5. 1 Contrôle de qualité

Le contrôle de qualité à la fin de la construction garantit la conformité du bâtiment avec les exigences du plan et les normes. Détecter et corriger les défauts à un stade précoce évite des coûts et des retards ultérieurs. Cela concerne à la fois l'examen géométrique et le contrôle des matériaux ainsi que le bon fonctionnement des installations techniques. Une documentation systématique de tous les contrôles et défauts est essentielle pour la communication entre les parties prenantes et la correction des défauts. La documentation numérique optimise l'archivage et facilite l'entretien ultérieur. Des méthodes de contrôle efficaces et des technologies modernes améliorent la qualité des bâtiments durables. Lisez la suite pour en savoir plus sur les approches innovantes et leurs avantages.

Une réception de construction réussie dans le bâtiment durable nécessite la combinaison de méthodes d'examen traditionnelles avec des technologies modernes telles que le BIM, la réalité augmentée et l'analyse de données de nuages de points, afin d'assurer la qualité et la durabilité des maisons écoénergétiques.

Réception des travaux

La réception des travaux garantit la conformité du bâtiment avec les spécifications de planification et les normes en vigueur. L'examen de la qualité d'exécution joue un rôle crucial pour détecter et corriger les défauts à un stade précoce. La réception des travaux traditionnelle, basée sur le papier, est souvent sujette à des erreurs et peu efficace. Les technologies modernes offrent d'importants potentiels d'amélioration. L'intégration de la réalité augmentée (AR) avec le modélisation de l'information du bâtiment (bim) permet le superposition précise d'objets virtuels et réels. Ainsi, les écarts entre la planification et l'exécution peuvent être visualisés et documentés directement sur site. Une autre approche pour optimiser la réception des travaux repose sur l'analyse des données de nuage de points. En sélectionnant des algorithmes appropriés pour l'échantillonnage, le filtrage et l'enregistrement, l'efficacité du traitement des données peut être améliorée sans compromettre la précision et l'exhaustivité des données d'ingénierie. Un exemple en est un projet de construction où le scan de la structure brute à l'aide d'un scanner laser génère un nuage de points. Celui-ci est comparé au modèle BIM pour identifier les écarts dans la géométrie, tels que l'épaisseur des murs ou la hauteur des plafonds. L'analyse précise de la précision d'enregistrement et la comparaison des résultats sont essentielles pour évaluer la qualité de la construction et identifier les écarts dans le processus de construction. De nouvelles technologies intelligentes et des systèmes d'interface soutiennent la documentation et permettent une évaluation de la qualité en temps réel, réduisant ainsi le besoin d'inspections manuelles. La réception des travaux comprend, en plus de l'examen géométrique, le contrôle des matériaux utilisés, des détails d'exécution et de la fonctionnalité des installations techniques. Les normes et règlements pertinents doivent être respectés. Une documentation systématique de tous les examens et des défauts constatés est indispensable. Cela facilite la communication entre les parties prenantes et sert de base à la correction des défauts. La détection et la correction précoces des défauts évitent des coûts et des retards ultérieurs. La documentation numérique permet également une archivage efficace des données pertinentes et facilite l'entretien ultérieur du bâtiment. En utilisant des technologies modernes et une approche systématique, la réception des travaux peut être optimisée et la qualité de la construction assurée. Le choix de la méthode appropriée dépend des exigences spécifiques du projet et des ressources disponibles. Une planification et une exécution soigneuses de la réception des travaux contribuent de manière significative à la réalisation réussie d'un projet de construction.

Critères d'acceptation des bâtiments durables

Répartition des domaines d'intervention des critères pour l'acceptation des bâtiments durables.

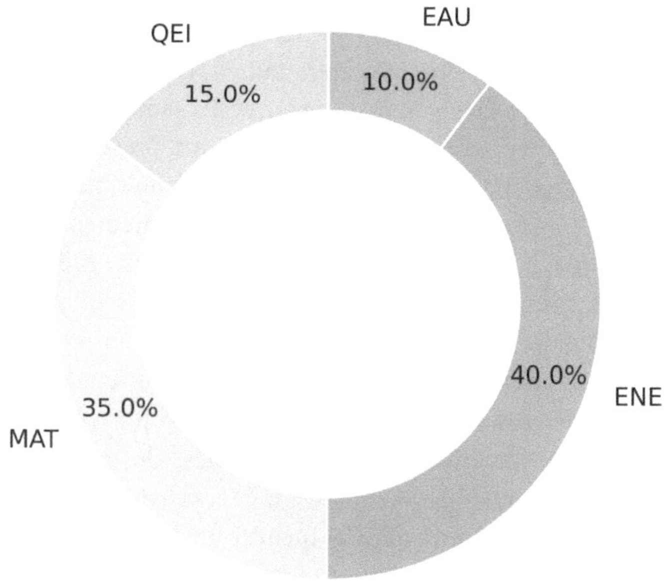

EAU: Efficacité de l'eau

ENE: Efficacité énergétique

MAT: Matériaux et ressources

QEI: Qualité de l'environnement intérieur

La visualisation met en évidence un fort accent sur l'efficacité énergétique, suggérant qu'il s'agit d'un objectif principal dans l'évaluation des bâtiments durables. Les matériaux et les ressources constituent également une part importante, indiquant une préoccupation pour l'approvisionnement responsable et la réduction des déchets. Bien que la qualité de l'environnement intérieur et l'efficacité de l'eau soient représentées, leurs parts plus faibles suggèrent un potentiel d'attention accrue dans ces domaines pour assurer une durabilité holistique.

Certification de durabilité

Les certifications de durabilité évaluent les bâtiments selon des critères écologiques, économiques et sociaux. Elles servent de preuve de la durabilité d'un projet pour les maîtres d'ouvrage et offrent une orientation pour une construction respectueuse de l'environnement. Différents systèmes de certification, tels que DGNB, LEED ou BREEAM, se distinguent par leurs exigences et leurs priorités. Ils prennent en compte, entre autres, l'efficacité énergétique, le choix des matériaux, la gestion de l'eau et la santé des utilisateurs du bâtiment. Un bâtiment certifié DGNB en platine présente, par exemple, une très faible demande en énergie primaire et une haute recyclabilité des matériaux utilisés. La certification est généralement effectuée par des experts indépendants qui vérifient le respect des critères et classent le bâtiment en conséquence – de bronze à argent, or et jusqu'à platine. Outre la certification proprement dite, de nombreux systèmes offrent également un soutien en matière de planification et de conseil pour atteindre au mieux les objectifs de durabilité. De plus, les certificats de durabilité peuvent améliorer les opportunités de marché d'un bien immobilier et contribuer à une plus grande satisfaction des locataires [s49]. Des études montrent que la qualité de l'air et la gestion de la température dans les bâtiments certifiés sont mesurablement meilleures, ce qui entraîne moins de problèmes de santé pour les occupants [s49]. Bien que les études puissent être limitées, par exemple par une petite taille d'échantillon, les résultats indiquent néanmoins une corrélation positive entre la certification et le confort des utilisateurs [s49]. Le choix d'un système de certification approprié dépend des conditions spécifiques du projet et des objectifs de durabilité visés.

Bon à savoir

Demande en énergie primaire

La demande en énergie primaire indique la quantité totale d'énergie nécessaire pour fournir de l'énergie dans un bâtiment. Elle prend en compte non seulement la consommation d'énergie dans le bâtiment lui-même, mais aussi l'énergie dépensée pour l'extraction, la conversion et le transport des sources d'énergie. Une faible demande en énergie primaire est un indicateur important de l'efficacité énergétique d'un bâtiment.

Experts indépendants

Dans le contexte de la certification de durabilité, les experts indépendants sont des spécialistes qui vérifient le respect des critères du système de certification concerné. Ils évaluent la planification et l'exécution du bâtiment et documentent leurs résultats dans un rapport. Ce rapport sert de base à l'attribution du certificat.

Recyclabilité

La recyclabilité des matériaux de construction décrit dans quelle mesure ceux-ci peuvent être réutilisés après la démolition d'un bâtiment. Une haute recyclabilité contribue à la préservation des ressources et à la réduction des déchets de construction. Lors de l'évaluation de la qualité, la recyclabilité des matériaux utilisés est documentée et évaluée.

Évaluation de la durabilité

Évaluation des critères

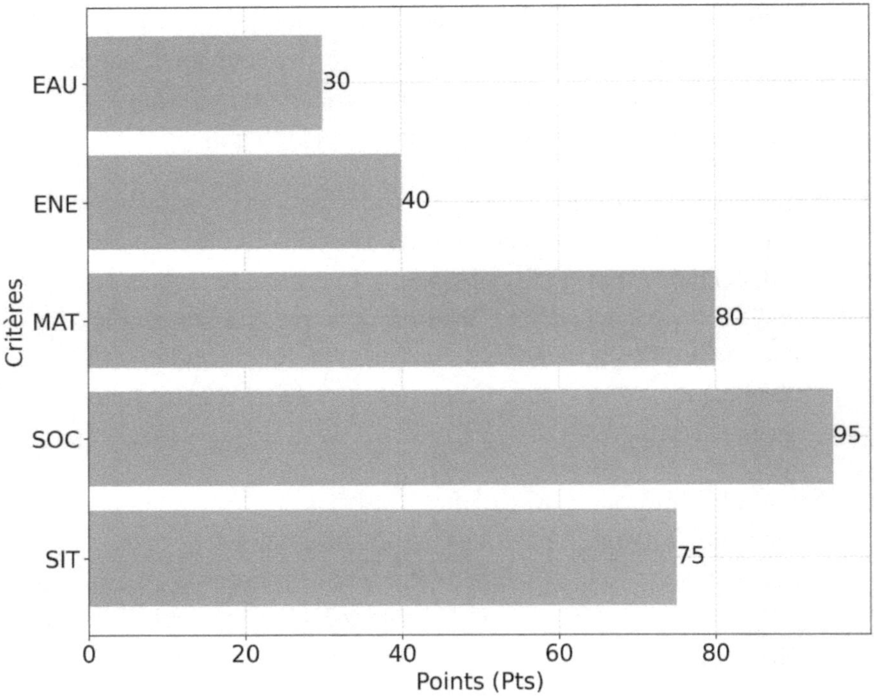

EAU: Gestion de l'eau

ENE: Efficacité énergétique

MAT: Choix des matériaux

SIT: Facteurs de localisation

SOC: Compatibilité sociale

L'efficacité énergétique obtient le score le plus élevé, suivie du choix des matériaux et de la gestion de l'eau. La compatibilité sociale et les facteurs de localisation montrent un potentiel d'amélioration et devraient être priorisés pour assurer une durabilité globale.

Conseils concrets

- Lors de l'examen final de la qualité à la fin des travaux, faites appel à un expert indépendant d'un domaine connexe pour obtenir de nouvelles perspectives.
- Créez une visite virtuelle à 360° du bâtiment achevé, documentant tous les détails pertinents pour l'examen de la qualité et rendant ces informations accessibles à tout moment.
- Utilisez un drone équipé d'une caméra thermique pour vérifier l'isolation du bâtiment et identifier les points faibles.
- Réalisez un test de charge des installations techniques en faisant fonctionner tous les systèmes simultanément à pleine charge pour garantir leur fonctionnalité dans des conditions extrêmes.
- Simulez une coupure de courant pour tester le fonctionnement de l'alimentation de secours et de l'éclairage de sécurité.
- Vérifiez l'acoustique du bâtiment par des mesures sonores dans différentes pièces afin de garantir le respect des valeurs de protection acoustique requises.
- Évaluez l'accessibilité du bâtiment du point de vue de personnes ayant différentes handicaps pour identifier et éliminer les barrières potentielles.
- Faites tester la convivialité du bâtiment par un groupe représentatif de futurs résidents et recueillez des retours pour l'optimisation.
- Effectuez une visite du bâtiment de nuit pour contrôler l'éclairage des chemins et des issues de secours et garantir la sécurité.

5. 2 Réglage

Le réglage du système de chauffage est essentiel pour une maison économe en énergie et confortable. Un réglage hydraulique correct répartit la chaleur uniformément dans toutes les pièces et évite le gaspillage d'énergie dû à un surapprovisionnement ou un sous-approvisionnement. Des réglages incorrects, en revanche, entraînent une perte de confort et des coûts de chauffage inutilement élevés. Des températures inégales dans les pièces, des bruits dans le système de chauffage ou une consommation d'énergie élevée indiquent des problèmes de réglage. La complexité des méthodes traditionnelles comporte le risque de résultats sous-optimaux. Apprenez dans ce chapitre comment un réglage professionnel augmente l'efficacité énergétique de votre maison et crée un climat intérieur optimal.

Un réglage hydraulique correctement effectué du chauffage est essentiel pour un fonctionnement efficace et confortable, et évite une consommation d'énergie inutile due à un sur- ou sous-approvisionnement de certaines pièces.

Optimisation du chauffage

L'optimisation du chauffage comprend des mesures visant à accroître l'efficacité et, par conséquent, à réduire la consommation d'énergie. Un système de chauffage correctement planifié et mis en œuvre évite les pertes de chaleur inutiles et assure une distribution uniforme de la chaleur dans le bâtiment. [s50] La base de cela est le réglage hydraulique, qui ajuste précisément le débit dans chaque circuit de chauffage du système. Cela garantit que chaque pièce reçoit la quantité de chaleur nécessaire, sans que certaines zones soient sur- ou sous-alimentées. Une distribution uniforme de la chaleur augmente le confort tout en minimisant la consommation d'énergie. Une erreur fréquente lors de la planification et de la mise en œuvre des systèmes de chauffage est un réglage insuffisant ou incorrect. Cela entraîne des déséquilibres hydrauliques, qui se manifestent par des pièces inégalement chauffées, des bruits dans le système ou une consommation d'énergie accrue. Imaginez un bâtiment avec plusieurs radiateurs : sans réglage correct, les pièces plus proches de la chaudière reçoivent généralement plus de chaleur, tandis que les pièces plus éloignées restent sous-alimentées. Les occupants augmentent alors les robinets thermostatiques dans les pièces plus froides, ce qui augmente le débit total et donc la consommation d'énergie, sans résoudre le problème de la distribution inégale de la chaleur. Les méthodes traditionnelles de réglage hydraulique sont souvent itératives et chronophages. Cela signifie que les installateurs doivent effectuer des mesures répétées et apporter des réglages jusqu'à ce que le système soit optimisé. [s50] Ce processus peut être complexe et sujet à des erreurs, ce qui conduit souvent à des résultats sous-optimaux dans la pratique. Des méthodes innovantes comme la méthode de flux progressive offrent ici une alternative plus efficace. Cette méthode réduit considérablement le nombre de mesures et de réglages nécessaires, ce qui permet d'économiser du temps et des coûts tout en améliorant la précision du réglage. [s50] Grâce à l'ajustement précis du débit dans chaque circuit de chauffage, la consommation d'énergie de l'ensemble du système peut être significativement réduite. En plus du réglage hydraulique, d'autres mesures d'optimisation contribuent à l'augmentation de l'efficacité. Cela inclut l'isolation des conduites, l'installation de robinets thermostatiques sur chaque radiateur et l'entretien régulier du système de chauffage. L'isolation des conduites minimise les pertes de chaleur sur le chemin de la chaudière aux radiateurs. Les robinets thermostatiques permettent un contrôle individuel de la température des pièces et évitent ainsi le surchauffage de certaines pièces. Un entretien régulier, y compris la vérification et le nettoyage de la chaudière, garantit un fonctionnement optimal et une longue durée de vie du système. En combinant ces mesures, il est possible de réduire durablement la consommation d'énergie et donc les coûts de chauffage. Cela contribue non seulement à la protection de l'environnement, mais améliore également le confort de vie.

robinet thermostatique [i40]

Bon à savoir

Circuit de chauffage

Un circuit de chauffage est un circuit d'eau fermé qui part de la chaudière, passe par les radiateurs de la maison et revient à la chaudière. Chaque radiateur peut faire partie d'un circuit de chauffage séparé ou plusieurs radiateurs peuvent appartenir à un même circuit.

Débit

Le débit décrit la quantité d'eau qui s'écoule par unité de temps à travers les tuyaux d'un système de chauffage. Un débit correctement réglé est essentiel pour une distribution efficace de la chaleur.

Méthode de flux progressive

La méthode de flux progressive est une technique moderne de réglage hydraulique qui réduit le nombre de mesures et d'ajustements nécessaires, économisant ainsi du temps et des coûts.

Réglage hydraulique

Le réglage hydraulique garantit que la bonne quantité d'eau chaude parvient à chaque radiateur de la maison, afin d'assurer une température uniforme dans toutes les pièces et d'éviter le gaspillage d'énergie.

Robinet thermostatique

Un robinet thermostatique régule le débit d'eau à travers un radiateur, permettant ainsi un contrôle individuel de la température de la pièce.

Courbe d'optimisation du chauffage

Température de départ de chauffage optimale en fonction de la température extérieure.

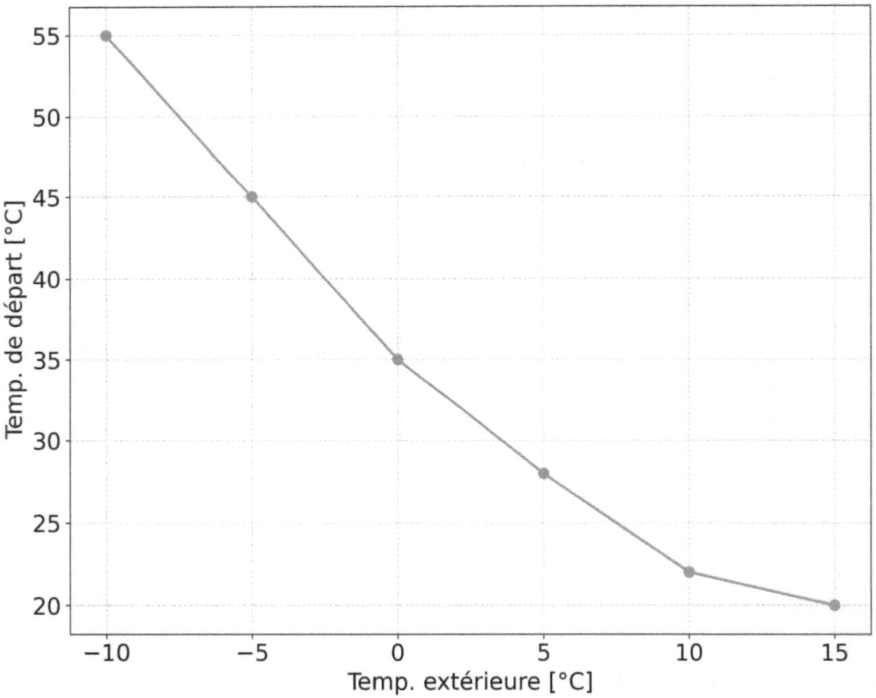

Ce graphique montre comment l'abaissement de la température de départ du chauffage améliore l'efficacité, en particulier lors de températures extérieures plus douces. La pente plus raide indique un système plus réactif, ajustant précisément la température de départ à la demande de chaleur. Ce contrôle adaptatif minimise le gaspillage d'énergie et maximise le confort.

Réglage de la ventilation

Après l'optimisation du chauffage, le réglage fin du système de ventilation est une autre étape importante pour minimiser la consommation d'énergie et créer un climat intérieur agréable. Il ne s'agit pas seulement de l'apport d'air frais, mais aussi du contrôle des flux d'air et de la prévention des pertes de chaleur inutiles. Un système de ventilation bien réglé assure un échange d'air continu, élimine l'humidité et les polluants, et contribue ainsi à un climat intérieur sain. [s51] En même temps, il minimise les besoins énergétiques pour le chauffage et la climatisation en réduisant les pertes de chaleur dues à une ventilation incontrôlée. Le réglage optimal de la ventilation dépend de divers facteurs, tels que la taille de la pièce, le nombre d'occupants et le type d'utilisation. Dans les espaces de vie, un niveau de ventilation modéré est recommandé pour assurer un échange d'air suffisant sans perdre trop de chaleur. Dans les pièces avec un développement accru d'humidité, comme les salles de bains ou les cuisines, l'intensité de la ventilation doit être réglée plus haut pour prévenir la formation de moisissures. [s51] Un contrôle adapté aux besoins du système de ventilation, par exemple par l'intégration de capteurs d'humidité, peut encore optimiser la consommation d'énergie. Outre le taux de ventilation pur, la direction des flux d'air est également cruciale pour un climat intérieur agréable et hygiénique. L'air doit être dirigé de manière à éviter les courants d'air et à ne pas créer de "zones mortes" où l'air ne circule pas. [s51] Dans certains environnements, comme les salles d'opération, le contrôle ciblé des flux d'air est particulièrement important pour minimiser la propagation des particules et des agents pathogènes potentiels. [s52] Des systèmes de ventilation spéciaux sont utilisés ici, permettant un contrôle précis du flux d'air. Un exemple de cela est les systèmes de ventilation à jet haute fréquence, qui garantissent une ventilation particulièrement stable et sûre et réduisent le risque d'effets indésirables tels que l'hypercapnie. [s53] En résumé, on peut dire que le réglage correct de la ventilation a un impact significatif sur l'efficacité énergétique, le climat intérieur et la santé. En tenant compte des conditions individuelles et en appliquant les technologies appropriées, un résultat optimal peut être atteint.

Bon à savoir

Capteurs d'humidité

Les capteurs d'humidité mesurent l'humidité relative dans une pièce et contrôlent le système de ventilation en fonction des besoins. Ainsi, la ventilation n'est activée que lorsque l'humidité dépasse un certain seuil, ce qui permet d'économiser de l'énergie et de prévenir la formation de moisissures.

Courants d'air

Les courants d'air sont causés par des flux d'air inégaux et peuvent entraîner un inconfort et des problèmes de santé. Lors du réglage du système de ventilation, il est important de diriger les flux d'air de manière à éviter les courants d'air.

Systèmes de ventilation à jet haute fréquence

Les systèmes de ventilation à jet haute fréquence sont des systèmes de ventilation spéciaux utilisés dans des environnements avec des exigences élevées en matière de qualité de l'air, par exemple dans les salles d'opération. Ils permettent un contrôle précis du flux d'air et minimisent le risque de propagation des agents pathogènes.

Taux de Ventilation des Pièces

Débit d'air optimisé pour un bâtiment durable

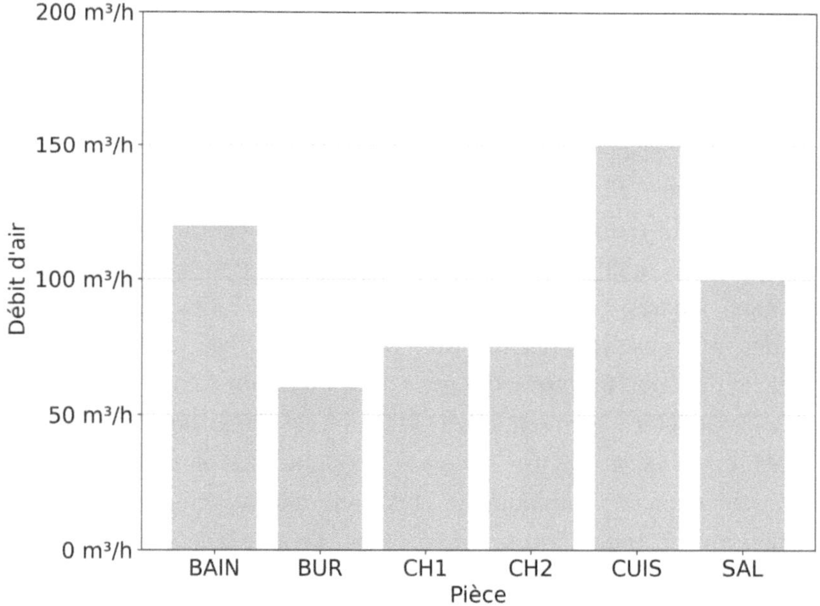

BAIN: Salle de bain

BUR: Bureau

CH1: Chambre 1

CH2: Chambre 2

CUIS: Cuisine

SAL: Salon

Les données révèlent des variations significatives des taux de ventilation entre les différentes pièces. La cuisine et la salle de bain présentent le débit d'air le plus élevé, probablement en raison de la nécessité d'éliminer efficacement l'humidité et les odeurs. Les chambres maintiennent une ventilation modérée pour une occupation confortable, tandis que le salon montre un débit d'air légèrement plus élevé pour accueillir les rassemblements. Ces taux de ventilation optimisés contribuent à un environnement intérieur sain tout en minimisant le gaspillage d'énergie.

Enregistrement de la consommation

L'enregistrement de la consommation fournit la base pour une optimisation énergétique ciblée des bâtiments. Il permet d'identifier les potentiels d'économie et de vérifier l'efficacité des mesures mises en œuvre. L'enregistrement ne se limite pas à la consommation d'énergie pour le chauffage et la ventilation, mais inclut également, entre autres, la consommation d'électricité pour l'éclairage et les appareils ménagers ainsi que la consommation d'eau. Les données sont collectées via divers appareils de mesure, tels que des compteurs pour l'électricité, le gaz et l'eau ou des capteurs spéciaux pour mesurer la température, l'humidité et la concentration de CO2. Un enregistrement détaillé de la consommation, par exemple par des compteurs séparés pour des zones ou groupes d'appareils spécifiques, offre des aperçus différenciés du comportement de consommation et permet ainsi de prendre des mesures d'optimisation ciblées. Les données collectées peuvent être visualisées dans des graphiques et tableaux clairs pour suivre l'évolution de la consommation au fil du temps et détecter rapidement les anomalies. Sur la base des informations obtenues, vous pouvez par exemple analyser l'impact des changements de comportement sur la consommation d'énergie et ainsi identifier d'autres potentiels d'optimisation. Les données de consommation enregistrées constituent la base d'une surveillance énergétique complète. Cela inclut la surveillance continue et l'évaluation de la consommation d'énergie pour détecter les écarts par rapport à l'état souhaité à un stade précoce et prendre des mesures correctives. Un exemple : l'analyse de la consommation d'électricité d'un système de ventilation peut identifier un besoin énergétique accru causé par des filtres encrassés, qui peut être résolu par un remplacement de filtre en temps opportun. La surveillance énergétique permet également d'évaluer la rentabilité des investissements dans des technologies écoénergétiques. En comparant la consommation avant et après la mise en œuvre d'une nouvelle technologie, il est possible de déterminer l'économie d'énergie réelle et de calculer le temps d'amortissement de l'investissement. Pour la mise en œuvre pratique de l'enregistrement de la consommation, divers systèmes sont disponibles, allant des enregistrements manuels simples aux systèmes automatisés complexes avec technologie de Smart Metering. L'enregistrement manuel, par exemple par la lecture régulière des relevés de compteurs, est certes économique, mais aussi chronophage et sujet aux erreurs. Les systèmes automatisés enregistrent les données de consommation en temps réel et les transmettent numériquement à une unité centrale d'évaluation. Cela réduit considérablement l'effort de collecte des données et permet une analyse plus détaillée du comportement de consommation. Le choix du système approprié dépend des exigences individuelles et du budget. Lors de la planification, vous devez notamment prendre en compte la taille du bâtiment, le nombre de points de mesure à enregistrer et le niveau de détail souhaité des données. En intégrant l'enregistrement de la consommation dans un système de gestion de bâtiment, d'autres fonctions, telles que le contrôle automatique du chauffage et de la ventilation, peuvent également être réalisées. Vous pouvez ainsi non seulement réduire la consommation d'énergie, mais aussi augmenter le confort et la sécurité dans le bâtiment. Un système de surveillance énergétique bien planifié et mis en œuvre contribue ainsi de manière significative à la gestion durable et économique des bâtiments.

Appareil de mesure [i41]

Bon à savoir

Smart Metering

Le Smart Metering permet l'enregistrement automatisé et numérique des données de consommation, ce qui permet une analyse détaillée et une optimisation de la consommation d'énergie dans le bâtiment.

Système de gestion de bâtiment

Un système de gestion de bâtiment (également appelé GMS) peut utiliser les données de consommation pour automatiser le contrôle de la technologie du bâtiment et optimiser la consommation d'énergie.

Répartition de la Consommation - Réglementation du Bâtiment

Répartition de la consommation après optimisation.

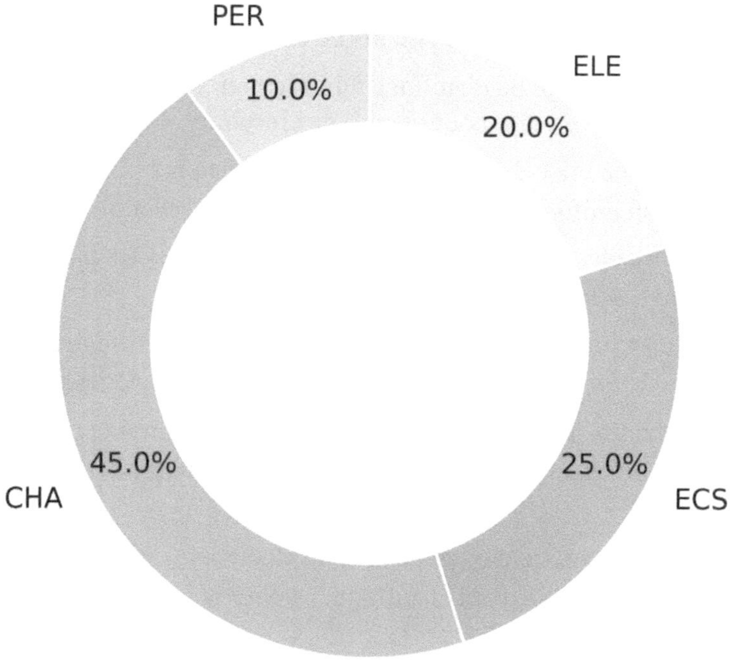

CHA: Chauffage

ECS: Eau Chaude Sanitaire

ELE: Électricité

PER: Pertes

La plus grande partie de la consommation est attribuée au chauffage, soulignant l'importance des systèmes de chauffage efficaces. Bien que l'eau chaude et l'électricité contribuent de manière significative, l'optimisation de ces domaines peut conduire à des réductions supplémentaires de la consommation globale. Comparativement, les pertes représentent une zone d'amélioration plus petite mais toujours traitable.

Conseils concrets

- Documentez le réglage du chauffage avec des photos et des vidéos des positions des vannes, afin de faciliter les ajustements ultérieurs.
- Élaborez un schéma clair du système de chauffage en indiquant tous les circuits de chauffage et leurs valeurs de réglage respectives.
- Utilisez des marquages colorés sur les vannes et les tuyaux pour simplifier l'attribution des circuits de chauffage.
- Vérifiez le réglage du chauffage après le premier hiver et corrigez les réglages si nécessaire pour obtenir des résultats optimaux.
- Réalisez une prise de vue thermique des radiateurs pour visualiser la répartition uniforme de la chaleur et identifier d'éventuels problèmes.
- Enregistrez les températures ambiantes dans toutes les pièces après le réglage, afin de vérifier l'efficacité des mesures.
- Créez un manuel d'utilisation personnalisé pour le système de chauffage, expliquant son fonctionnement et les réglages principaux.
- Proposez aux résidents une formation sur l'utilisation optimale du système de chauffage, afin d'économiser de l'énergie et de maximiser le confort.
- Remettez au maître d'ouvrage tous les documents pertinents concernant le réglage du chauffage, y compris les protocoles de mesure et les schémas.
- Recommandez au maître d'ouvrage un contrôle et un entretien réguliers du système de chauffage par un professionnel, afin d'assurer un fonctionnement optimal à long terme.

Révision - 5. Fin des travaux

La clôture des travaux est plus qu'un simple examen final avant la remise des clés. C'est la phase décisive où se dessinent les orientations pour le succès à long terme de votre projet de construction durable. Une approche soigneuse et systématique est essentielle pour atteindre les objectifs de durabilité visés et garantir la qualité du bâtiment sur le long terme. Il s'agit de combiner les méthodes traditionnelles de réception des travaux avec des technologies modernes afin de tirer parti des synergies.

Pensez à l'intégration d'outils numériques tels que le Modélisation de l'information du bâtiment (BIM) et la Réalité augmentée (AR). En comparant l'état souhaité et l'état réel, il est possible de détecter et de documenter les écarts à un stade précoce. Les données de nuages de points, obtenues par des scans 3D, offrent une autre possibilité d'analyse précise de l'exécution des travaux. Par exemple, vous pouvez vérifier la géométrie de la structure brute et identifier les écarts dans les épaisseurs de murs ou les hauteurs de plafonds. La documentation numérique facilite non seulement la communication entre les parties prenantes, mais sert également de base précieuse pour l'entretien ultérieur du bâtiment.

En plus de l'examen géométrique, vous devez également garder à l'esprit le bon fonctionnement des installations techniques. L'optimisation du chauffage par réglage hydraulique et le réglage fin du système de ventilation sont des aspects centraux pour un bâtiment économe en énergie et confortable. Veillez à une distribution uniforme de la chaleur et évitez les pertes de chaleur inutiles. Des méthodes modernes telles que la méthode de flux progressif offrent des solutions efficaces pour le réglage hydraulique. Un contrôle adapté du système de ventilation, par exemple par des capteurs d'humidité, optimise également la consommation d'énergie. La collecte et l'analyse de la consommation réelle par le biais de la mesure intelligente et d'un suivi énergétique complet sont essentielles pour vérifier l'efficacité des mesures mises en œuvre et identifier d'autres potentiels d'optimisation.

Lors de la planification et de l'exécution de la clôture des travaux, tenez compte des exigences spécifiques du projet et des ressources disponibles. Le choix des méthodes et des technologies appropriées dépend de la complexité du projet de construction et du standard de durabilité visé. N'hésitez pas à demander l'avis d'experts pour trouver la solution optimale pour votre projet. L'intégration des différents aspects de la clôture des travaux dans un système de gestion des bâtiments central permet une gestion et un suivi efficaces de tous les paramètres pertinents.

La clôture des travaux est un processus complexe qui nécessite une planification et une exécution minutieuses. Mais l'effort en vaut la peine : un projet de construction achevé avec succès est la base d'un bâtiment durable, confortable et économique. Investissez donc le temps et l'attention nécessaires dans cette phase importante et créez ainsi les fondations d'un bâtiment d'avenir qui répond aux exigences de durabilité écologique, économique et sociale.

Offres supplémentaires gratuites prévues

Nous sommes heureux de pouvoir vous proposer prochainement des matériels supplémentaires gratuits pour ce livre :

- Un chapitre bonus exclusif avec du contenu supplémentaire
- Un résumé compact du livre entier au format PDF
- Une version dramatique audio (En Projet)

La publication de ces matériels est prévue pour 2025.
N'hésitez pas à visiter notre site web dès aujourd'hui. Dès que notre service de newsletter sera lancé (prévu pour 2025), vous pourrez vous y inscrire pour recevoir des mises à jour et ne manquer aucune nouvelle concernant les offres supplémentaires gratuites.

www.SaageBooks.com/fr/construction_durable-bonus-UVTNJJ

Chers lecteurs,

Nous sommes profondément honorés que vous ayez pris le temps de lire notre livre du début à la fin. Notre plus grand souhait est de vous apporter des perspectives précieuses et des conseils pratiques. Votre confiance en notre travail compte beaucoup pour nous. Nous espérons que cette lecture a été enrichissante pour vous. Si vous avez des questions ou des suggestions, n'hésitez pas à nous contacter via notre site web.

Si vous avez apprécié ce livre, nous serions très reconnaissants d'avoir une critique honnête. Vous pouvez facilement laisser votre évaluation honnête sur la plateforme de vente où vous avez acheté le livre.
Merci pour votre soutien !

Bendis Saage

Saage Media GmbH - Équipe

www.SaageBooks.com/fr

Découvrez plus ! Notre site web d'édition vous propose une sélection variée de livres supplémentaires. En plus des contenus gratuits et des bonus exclusifs, vous y trouverez des informations détaillées sur nos œuvres. Parcourez notre vaste offre numérique et laissez-vous inspirer par des expériences de lecture supplémentaires.

www.SaageBooks.com/fr

Sources

Nos sincères remerciements vont à tous les auteurs des sources scientifiques et non scientifiques citées, aux opérateurs des sites web référencés et aux créateurs des images, graphiques et études utilisés, dont le précieux travail a contribué à la création de ce livre.
Pour plus d'informations, nous vous recommandons de visiter les sites web sources.
Si vous découvrez des erreurs de correspondance ou d'autres incohérences, veuillez nous contacter.

Toutes les sources ont été consultées pour la dernière fois le: 2025-02-09

[s1] - https://www.mdpi.com/2071-1050/11/6/1819

Auteur:	Karsten Rusche, Mario Reimer, Rico Stichmann	**Titre:**	Mapping and Assessing Green Infrastructure Connectivity in European City Regions
DOI:	10.3390/su11061819	**Date:**	2019-03-26
Site web:	MDPI	**Éditeur:**	Multidisciplinary Digital Publishing Institute

[s2] - https://www.mdpi.com/2071-1050/13/4/1932

Auteur:	Reza Kiani Mavi, Denise Gengatharen, Neda Kiani Mavi, Richard Hughes, Alistair Campbell, Ross Yates	**Titre:**	Sustainability in Construction Projects: A Systematic Literature Review
DOI:	10.3390/su13041932	**Date:**	2021-02-11
Site web:	MDPI	**Éditeur:**	Multidisciplinary Digital Publishing Institute

[s3] - https://www.mdpi.com/2071-1050/14/11/6701

Auteur:	Sonja Kolarić, Mladen Vukomanović, Antonio Ramljak	**Titre:**	Analyzing the Level of Detail of Construction Schedule for Enabling Site Logistics Planning (SLP) in the Building Information Modeling (BIM) Environment
DOI:	10.3390/su14116701	**Date:**	2022-05-30
Site web:	mdpi.com	**Éditeur:**	Multidisciplinary Digital Publishing Institute

[s4] - https://pmc.ncbi.nlm.nih.gov/articles/PMC11222554/

Auteur:	Dong Zhou, Bida Pei, Xueqin Li, Ding Jiang, Lin Wen	**Titre:**	Innovative BIM technology application in the construction management of highway
par:	Changsha University of Science and Technology, Changsha BIM Cloud Information Technology Co., Ltd, Hunan Expressway Group Co., Ltd, JiangXi Ganyue Expressway Engineering Co., Ltd	**DOI:**	10.1038/s41598-024-66232-5
Date:	2024 Jul 3	**Site web:**	PubMed Central (PMC)
Éditeur:	Scientific Reports		

[s5] - https://pmc.ncbi.nlm.nih.gov/articles/PMC11393528/

Auteur:	Rakesh Kumar, Rajesh singh, Richa Goel, Tilottama Singh, Neeraj Priyadarshi, Bhekisipho Twala	**Titre:**	Incentivizing green building technology: A financial perspective on sustainable development in India
DOI:	10.12688/f1000research.154056.2	**Date:**	2024 Sep 16
Site web:	PMC	**Éditeur:**	F1000Research

[s6] - https://pmc.ncbi.nlm.nih.gov/articles/PMC8003767/

Auteur:	Giulia Tola; Valentina Talu; Tanja Congiu; Paul Bain; Jutta Lindert	**Titre:**	Built Environment Design and People with Autism Spectrum Disorder (ASD): A Scoping Review
DOI:	10.3390/ijerph18063203	**Date:**	2021 Mar 19
Site web:	PubMed Central (PMC)	**Éditeur:**	International Journal of Environmental Research and Public Health

[s7] - https://pmc.ncbi.nlm.nih.gov/articles/PMC8127744/

Auteur:	Lillian Hung, Allison Hudson, Mario Gregorio, Lynn Jackson, Jim Mann, Neil Horne, Annette Berndt, Christine Wallsworth, Lily Wong, Alison Phinney	**Titre:**	Creating Dementia-Friendly Communities for Social Inclusion: A Scoping Review
par:	University of British Columbia, Vancouver Coastal Health	**DOI:**	10.1177/23337214211013596
Date:	2021 May 12	**Site web:**	PMC
Éditeur:	Gerontology and Geriatric Medicine		

[s8] - https://pmc.ncbi.nlm.nih.gov/articles/PMC11274549/

Auteur:	Mariam AlAli, Salwa Beheiry, Serter Atabay	**Titre:**	Strategies for the Design and Construction of Nature-Inspired & Living Laboratory (NILL 1.0)TM Buildings
par:	American University of Sharjah	**DOI:**	10.3390/biomimetics9070441
Date:	2024 Jul 18	**Site web:**	PMC

[s9] - https://www.mdpi.com/2075-5309/13/8/2077

Auteur:	Walaa S. E. Ismaeel	**Titre:**	The Dynamics of Sustainable Material Selection for Green-Certified Projects
par:	Multidisciplinary Digital Publishing Institute	**DOI:**	10.3390/buildings13082077
Date:	2023-08-16	**Site web:**	mdpi.com
Éditeur:	Multidisciplinary Digital Publishing Institute		

[s10] - https://www.mdpi.com/2075-5309/14/9/2728
Auteur: Mehmet Nurettin Ugural, Merve Ruya Ozyilmaz, Halil Ibrahim Burgan
Titre: Life Cycle Assessment Analysis Based on Material Selection in Sustainable Airport Buildings
DOI: 10.3390/buildings14092728
Date: 2024-08-31
Site web: mdpi.com
Éditeur: Multidisciplinary Digital Publishing Institute

[s11] - https://www.mdpi.com/2075-5309/13/8/2077
Auteur: Walaa S. E. Ismaeel
Titre: The Dynamics of Sustainable Material Selection for Green-Certified Projects
par: Multidisciplinary Digital Publishing Institute
DOI: 10.3390/buildings13082077
Date: 2023-08-16
Site web: MDPI
Éditeur: Multidisciplinary Digital Publishing Institute

[s12] - https://www.mdpi.com/2075-5309/14/9/2728
Auteur: Mehmet Nurettin Ugural, Merve Ruya Ozyilmaz, Halil Ibrahim Burgan
Titre: Life Cycle Assessment Analysis Based on Material Selection in Sustainable Airport Buildings
DOI: 10.3390/buildings14092728
Date: 2024-08-31
Site web: mdpi.com
Éditeur: Multidisciplinary Digital Publishing Institute

[s13] - https://www.mdpi.com/2075-5309/2/1/1
Auteur: Ibuchim Ogunkah, Junli Yang
Titre: Investigating Factors Affecting Material Selection: The Impacts on Green Vernacular Building Materials in the Design-Decision Making Process
DOI: 10.3390/buildings2010001
Date: 2012-01-23
Site web: MDPI
Éditeur: Molecular Diversity Preservation International

[s14] - https://www.mdpi.com/2075-5309/2/2/126
Auteur: Peter O. Akadiri, Ezekiel A. Chinyio, Paul O. Olomolaiye
Titre: Design of A Sustainable Building: A Conceptual Framework for Implementing Sustainability in the Building Sector
DOI: 10.3390/buildings2020126
Date: 2012-05-04
Site web: mdpi.com
Éditeur: Molecular Diversity Preservation International

[s15] - https://www.mdpi.com/2412-3811/6/4/49
Auteur: Kamel Mohamed Rahla, Ricardo Mateus, Luís Bragança
Titre: Selection Criteria for Building Materials and Components in Line with the Circular Economy Principles in the Built Environment—A Review of Current Trends
par: Multidisciplinary Digital Publishing Institute
DOI: 10.3390/infrastructures6040049
Date: 2021-03-24
Site web: MDPI
Éditeur: Multidisciplinary Digital Publishing Institute

[s16] - https://www.mdpi.com/1996-1073/17/23/5817

Auteur:	Anna Barwińska-Małajowicz, Marian Banaś, Teresa Piecuch, Radosław Pyrek, Krzysztof Szczotka, Jakub Szymiczek	**Titre:**	Energy and Ecological Concept of a Zero-Emission Building Using Renewable Energy Sources—Case Study in Poland
par:	Multidisciplinary Digital Publishing Institute	**DOI:**	10.3390/en17235817
Date:	2024-11-21	**Site web:**	mdpi.com
Éditeur:	Multidisciplinary Digital Publishing Institute		

[s17] - https://www.mdpi.com/2076-3417/11/4/1490

Auteur:	Christina V. Podara, Ioannis A. Kartsonakis, Costas A. Charitidis	**Titre:**	Towards Phase Change Materials for Thermal Energy Storage: Classification, Improvements and Applications in the Building Sector
DOI:	10.3390/app11041490	**Date:**	2021-02-06
Site web:	MDPI	**Éditeur:**	Multidisciplinary Digital Publishing Institute

[s18] - https://www.mdpi.com/1996-1073/16/12/4806

Auteur:	Sandra Cunha, Antonella Sarcinella, José Aguiar, Mariaenrica Frigione	**Titre:**	Perspective on the Development of Energy Storage Technology Using Phase Change Materials in the Construction Industry: A Review
DOI:	10.3390/en16124806	**Date:**	2023-06-19
Site web:	mdpi.com	**Éditeur:**	Multidisciplinary Digital Publishing Institute

[s19] - https://www.mdpi.com/2071-1050/11/21/6118

Auteur:	Cindy Guerlain, Samuel Renault, Francesco Ferrero	**Titre:**	Understanding Construction Logistics in Urban Areas and Lowering Its Environmental Impact: A Focus on Construction Consolidation Centres
DOI:	10.3390/su11216118	**Date:**	2019-11-03
Site web:	mdpi.com	**Éditeur:**	Multidisciplinary Digital Publishing Institute

[s20] - https://www.mdpi.com/2071-1050/14/11/6701

Auteur:	Sonja Kolarić, Mladen Vukomanović, Antonio Ramljak	**Titre:**	Analyzing the Level of Detail of Construction Schedule for Enabling Site Logistics Planning (SLP) in the Building Information Modeling (BIM) Environment
DOI:	10.3390/su14116701	**Date:**	2022-05-30
Site web:	MDPI	**Éditeur:**	Multidisciplinary Digital Publishing Institute

[s21] - https://www.mdpi.com/2071-1050/11/9/2664

Auteur:	Stefano Armenia, Rosa Maria Dangelico, Fabio Nonino, Alessandro Pompei	**Titre:**	Sustainable Project Management: A Conceptualization-Oriented Review and a Framework Proposal for Future Studies
DOI:	10.3390/su11092664	**Date:**	2019-05-10
Site web:	MDPI	**Éditeur:**	Multidisciplinary Digital Publishing Institute

[s22] - https://pmc.ncbi.nlm.nih.gov/articles/PMC9154213/

Auteur:	Saeid Sadeghi Darvazeh, Farzaneh Mansoori Mooseloo, Samira Aeini, Hadi Rezaei Vandchali, Erfan Babaee Tirkolaee	**Titre:**	An integrated methodology for green human resource management in construction industry
DOI:	10.1007/s11356-022-20967-8	**Date:**	2022 May 31
Site web:	PubMed Central (PMC)	**Éditeur:**	Environmental Science and Pollution Research International

[s23] - https://pmc.ncbi.nlm.nih.gov/articles/PMC9282632/

Auteur:	Rashid Maqbool, Emily Jowett	**Titre:**	Conserving a sustainable urban environment through energy security and project management practices
DOI:	10.1007/s11356-022-21721-w	**Date:**	2022 Jul 14
Site web:	PMC	**Éditeur:**	Environmental Science and Pollution Research International

[s24] - https://pmc.ncbi.nlm.nih.gov/articles/PMC10149108/

Auteur:	Mahdi Anbari Moghadam, Morteza Bagherpour, Seyed Farid Ghannadpour	**Titre:**	Sustainability assessment in construction projects: a sustainable earned value management model under uncertain and unreliable conditions
par:	Department of Industrial Engineering, Iran University of Science and Technology	**DOI:**	10.1007/s10669-023-09913-2
Date:	2023 Apr 30	**Site web:**	PMC
Éditeur:	Springer		

[s25] - https://pmc.ncbi.nlm.nih.gov/articles/PMC11429656/

Auteur:	Worawoot Aiduang, Praween Jinanukul, Wandee Thamjaree, Tanongkiat Kiatsiriroat, Tanut Waroonkun, Saisamorn Lumyong	**Titre:**	A Comprehensive Review on Studying and Developing Guidelines to Standardize the Inspection of Properties and Production Methods for Mycelium-Bound Composites in Bio-Based Building Material Applications
DOI:	10.3390/biomimetics9090549	**Date:**	2024 Sep 11
Site web:	PMC		

[s26] - https://www.mdpi.com/2075-5309/14/3/844

Auteur:	Frank Ato Ghansah, David John Edwards	**Titre:**	Digital Technologies for Quality Assurance in the Construction Industry: Current Trend and Future Research Directions towards Industry 4.0
par:	Multidisciplinary Digital Publishing Institute	**DOI:**	10.3390/buildings14030844
Date:	2024-03-21	**Site web:**	mdpi.com
Éditeur:	Multidisciplinary Digital Publishing Institute		

[s27] - https://www.mdpi.com/2075-5309/14/3/844

Auteur:	Frank Ato Ghansah, David John Edwards	**Titre:**	Digital Technologies for Quality Assurance in the Construction Industry: Current Trend and Future Research Directions towards Industry 4.0
DOI:	10.3390/buildings14030844	**Date:**	2024-03-21
Site web:	mdpi.com	**Éditeur:**	Multidisciplinary Digital Publishing Institute

[s28] - https://www.mdpi.com/2071-1050/12/19/7847

Auteur:	Li Zhang, Laura Balangé, Kathrin Braun, Roberta Di Bari, Rafael Horn, Deniz Hos, Cordula Kropp, Philip Leistner, Volker Schwieger	**Titre:**	Quality as Driver for Sustainable Construction—Holistic Quality Model and Assessment
par:	University of Stuttgart	**DOI:**	10.3390/su12197847
Date:	2020-09-23	**Site web:**	MDPI
Éditeur:	Multidisciplinary Digital Publishing Institute		

[s29] - https://www.mdpi.com/2071-1050/13/23/13069

Auteur:	Madduma Kaluge Chamitha Sanjani Wijewickrama, Nicholas Chileshe, Raufdeen Rameezdeen, Jose Jorge Ochoa	**Titre:**	Minimizing Macro-Level Uncertainties for Quality Assurance in Reverse Logistics Supply Chains of Demolition Waste
DOI:	10.3390/su132313069	**Date:**	2021-11-25
Site web:	mdpi.com	**Éditeur:**	Multidisciplinary Digital Publishing Institute

[s30] - https://www.mdpi.com/1424-8220/22/13/4936

Auteur:	Ya Hui Teo, Jun Hong Yap, Hui An, Simon Ching Man Yu, Limao Zhang, Jie Chang, Kang Hao Cheong	**Titre:**	Enhancing the MEP Coordination Process with BIM Technology and Management Strategies
par:	Multidisciplinary Digital Publishing Institute	**DOI:**	10.3390/s22134936
Date:	2022-06-30	**Site web:**	mdpi.com
Éditeur:	Multidisciplinary Digital Publishing Institute		

[s31] - https://www.mdpi.com/2075-5309/13/8/2101

Auteur:	Alcínia Zita Sampaio, Gonçalo Azevedo, Augusto Gomes	**Titre:**	BIM Manager Role in the Integration and Coordination of Construction Projects
DOI:	10.3390/buildings13082101	**Date:**	2023-08-19
Site web:	mdpi.com	**Éditeur:**	Multidisciplinary Digital Publishing Institute

[s32] - https://www.mdpi.com/2079-9292/8/7/724

Auteur:	Zhen Liu, Lijun Jiang, Mohamed Osmani, Peter Demian	**Titre:**	Building Information Management (BIM) and Blockchain (BC) for Sustainable Building Design Information Management Framework
DOI:	10.3390/electronics8070724	**Date:**	2019-06-26
Site web:	mdpi.com	**Éditeur:**	Multidisciplinary Digital Publishing Institute

[s33] - https://pmc.ncbi.nlm.nih.gov/articles/PMC7471539/
Auteur: John C Matulis, Rozalina McCoy
Titre: Patient-Centered Appointment Scheduling: a Call for Autonomy, Continuity, and Creativity
par: Mayo Clinic
DOI: 10.1007/s11606-020-06058-9
Date: 2020 Sep 3
Site web: PubMed Central (PMC)
Éditeur: Journal of General Internal Medicine

[s34] - https://www.mdpi.com/2227-9717/8/2/245
Auteur: Yan Xu, Zhao Luo, Zhendong Zhu, Zhiyuan Zhang, Jinghui Qin, Hao Wang, Zeyong Gao, Zhichao Yang
Titre: A Three-Stage Coordinated Optimization Scheduling Strategy for a CCHP Microgrid Energy Management System
DOI: 10.3390/pr8020245
Date: 2020-02-21
Site web: MDPI
Éditeur: Multidisciplinary Digital Publishing Institute

[s35] - https://pmc.ncbi.nlm.nih.gov/articles/PMC3948194/
Auteur: Sadia Rahman, M T R Khan, Shatirah Akib, Nazli Bin Che Din, S K Biswas, S M Shirazi
Titre: Sustainability of Rainwater Harvesting System in terms of Water Quality
DOI: 10.1155/2014/721357
Date: 2014 Feb 18
Site web: PubMed Central (PMC)
Éditeur: The Scientific World Journal

[s36] - https://pmc.ncbi.nlm.nih.gov/articles/PMC9287512/
Auteur: Nesar Ahmed, John Hornbuckle, Giovanni M Turchini
Titre: Blue–green water utilization in rice–fish cultivation towards sustainable food production
par: Deakin University
DOI: 10.1007/s13280-022-01711-5
Date: 2022 Mar 4
Site web: PMC
Éditeur: National Center for Biotechnology Information

[s37] - https://www.mdpi.com/2071-1050/15/23/16208
Auteur: Chandra Mouli R. Madhuranthakam, Malak AbuZaid, Omar Chaalal, Tala Ghannam
Titre: Sustainable Water Management with Design and Economic Evaluation of Recycling Greywater at Abu Dhabi University—A Case Study on Decentralization
DOI: 10.3390/su152316208
Date: 2023-11-22
Site web: MDPI
Éditeur: Multidisciplinary Digital Publishing Institute

[s38] - https://www.mdpi.com/2071-1050/14/2/656
Auteur: Musa Mohammed, Nasir Shafiq, Al-Baraa Abdulrahman Al-Mekhlafi, Ehab Farouk Rashed, Mohamed Hassan Khalil, Noor Amila Zawawi, Abubakar Muhammad, Aminu Mubarak Sadis
Titre: The Mediating Role of Policy-Related Factors in the Relationship between Practice of Waste Generation and Sustainable Construction Waste Minimisation: PLS-SEM
DOI: 10.3390/su14020656
Date: 2022-01-07
Site web: mdpi.com
Éditeur: Multidisciplinary Digital Publishing Institute

[s39] - https://pmc.ncbi.nlm.nih.gov/articles/PMC8745857/

Auteur: Callun Keith Purchase, Dhafer Manna Al Zulayq, Bio Talakatoa O'Brien, Matthew Joseph Kowalewski, Aydin Berenjian, Amir Hossein Tarighaleslami, Mostafa Seifan
Titre: Circular Economy of Construction and Demolition Waste: A Literature Review on Lessons, Challenges, and Benefits
par: The University of Waikato
DOI: 10.3390/ma15010076
Date: 2021 Dec 23
Site web: PMC
Éditeur: Materials

[s40] - https://www.mdpi.com/2075-5309/14/4/948

Auteur: Nurullah Bektaş, Maysam Shmlls
Titre: Earthquake-Induced Waste Repurposing: A Sustainable Solution for Post-Earthquake Debris Management in Urban Construction
DOI: 10.3390/buildings14040948
Date: 2024-03-29
Site web: mdpi.com
Éditeur: Multidisciplinary Digital Publishing Institute

[s41] - https://pmc.ncbi.nlm.nih.gov/articles/PMC8745857/

Auteur: Callun Keith Purchase, Dhafer Manna Al Zulayq, Bio Talakatoa O'Brien, Matthew Joseph Kowalewski, Aydin Berenjian, Amir Hossein Tarighaleslami, Mostafa Seifan
Titre: Circular Economy of Construction and Demolition Waste: A Literature Review on Lessons, Challenges, and Benefits
par: The University of Waikato
DOI: 10.3390/ma15010076
Date: 2021 Dec 23
Site web: PMC
Éditeur: Materials

[s42] - https://pmc.ncbi.nlm.nih.gov/articles/PMC9622352/

Auteur: Hari Bhakta Sharma, Kumar Raja Vanapalli, Biswajit Samal, VR Sankar Cheela, Brajesh K Dubey, Jayanta Bhattacharya
Titre: Circular economy approach in solid waste management system to achieve UN-SDGs: Solutions for post-COVID recovery
par: Indian Institute of Technology Kharagpur
DOI: 10.1016/j.scitotenv.2021.149605
Date: 2021 Aug 12
Site web: PMC
Éditeur: The Science of the Total Environment

[s43] - https://www.mdpi.com/2071-1050/13/8/4209

Auteur: Gudrun Obersteiner, Marta Cociancig, Sandra Luck, Johannes Mayerhofer
Titre: Impact of Optimized Packaging on Food Waste Prevention Potential among Consumers
par: Multidisciplinary Digital Publishing Institute
DOI: 10.3390/su13084209
Date: 2021-04-09
Site web: mdpi.com
Éditeur: Multidisciplinary Digital Publishing Institute

[s44] - https://www.mdpi.com/1996-1073/16/9/3681

Auteur: Hirou Karimi, Mohammad Anvar Adibhesami, Hassan Bazazzadeh, Sahar Movafagh
Titre: Green Buildings: Human-Centered and Energy Efficiency Optimization Strategies
DOI: 10.3390/en16093681
Date: 2023-04-25
Site web: mdpi.com
Éditeur: Multidisciplinary Digital Publishing Institute

[s45] - https://pmc.ncbi.nlm.nih.gov/articles/PMC11140696/
Auteur: Yuejuan Weng, Jingzhu Zhang, Chunling Yang, Muhammad Ramzan
Titre: Intermodal travel planning and decision support integrated with transportation and energy systems
par: Vocational and Technical College, Changchun Sci-Tech University; School of Automotive Engineering, Jilin Communications Polytechnic; School of Intelligent Manufacturing of, Changchun Sci-Tech University; Department of Management and Science, Bahauddin Zakariya University
DOI: 10.1016/j.heliyon.2024.e31577
Date: 2024 May 21
Site web: PMC
Éditeur: Heliyon

[s46] - https://www.mdpi.com/2071-1050/16/12/4963
Auteur: Dimitris Georgiadis, Konstantina Karathanasopoulou, Cleopatra Bardaki, Ilias Panagiotopoulos, Ioannis Vondikakis, Thalis Paktitis, George Dimitrakopoulos
Titre: Performance Analysis of Energy-Efficient Path Planning for Sustainable Transportation
par: Multidisciplinary Digital Publishing Institute
DOI: 10.3390/su16124963
Date: 2024-06-11
Site web: mdpi.com
Éditeur: Multidisciplinary Digital Publishing Institute

[s47] - https://www.mdpi.com/1996-1073/17/13/3295
Auteur: Abdul Mateen Khan, Muhammad Abubakar Tariq, Sardar Kashif Ur Rehman, Talha Saeed, Fahad K. Alqahtani, Mohamed Sherif
Titre: BIM Integration with XAI Using LIME and MOO for Automated Green Building Energy Performance Analysis
DOI: 10.3390/en17133295
Date: 2024-07-04
Site web: mdpi.com
Éditeur: Multidisciplinary Digital Publishing Institute

[s48] - https://www.mdpi.com/1996-1073/16/9/3681
Auteur: Hirou Karimi, Mohammad Anvar Adibhesami, Hassan Bazazzadeh, Sahar Movafagh
Titre: Green Buildings: Human-Centered and Energy Efficiency Optimization Strategies
par: Multidisciplinary Digital Publishing Institute
DOI: 10.3390/en16093681
Date: 2023-04-25
Site web: mdpi.com
Éditeur: Multidisciplinary Digital Publishing Institute

[s49] - https://pubmed.ncbi.nlm.nih.gov/30368903/
Auteur: Lee JY;Wargocki P;Chan YH;Chen L; Tham KW
Titre: Indoor environmental quality, occupant satisfaction, and acute building-related health symptoms in Green Mark-certified compared with non-certified office buildings
DOI: 10.1111/ina.12515
Date: 2019 Jan
Site web: PubMed
Éditeur: Indoor Air

[s50] - https://www.mdpi.com/2076-3417/14/14/6232

Auteur:	Federico Pedranzini, Luigi P. M. Colombo, Francesco Romano	**Titre:**	Development and Application of a Novel Non-Iterative Balancing Method for Hydronic Systems
DOI:	10.3390/app14146232	**Date:**	2024-07-17
Site web:	mdpi.com	**Éditeur:**	Multidisciplinary Digital Publishing Institute

[s51] - https://pmc.ncbi.nlm.nih.gov/articles/PMC6072925/

Auteur:	Hua Qian, Xiaohong Zheng	**Titre:**	Ventilation control for airborne transmission of human exhaled bio-aerosols in buildings
par:	School of Energy and Environment, Southeast University, Nanjing 210096, China	**DOI:**	10.21037/jtd.2018.01.24
Date:	2018 Jul	**Site web:**	PMC
Éditeur:	Journal of Thoracic Disease		

[s52] - https://www.ncbi.nlm.nih.gov/pmc/articles/PMC4880077/

Auteur:	Rami Sommerstein, Christian Rüegg, Philipp Kohler, Guido Bloemberg, Stefan P Kuster, Hugo Sax	**Titre:**	Transmission of Mycobacterium chimaera from Heater–Cooler Units during Cardiac Surgery despite an Ultraclean Air Ventilation System
par:	University Hospital of Bern, University Hospital of Zurich, University of Zurich	**DOI:**	10.3201/eid2206.160045
Date:	2016 Jun	**Site web:**	PMC
Éditeur:	Emerging Infectious Diseases		

[s53] - https://pmc.ncbi.nlm.nih.gov/articles/PMC9132004/

Auteur:	Marta Filauro, Francesco Mora, Alberto Vallin, Palmiro Della Casa, Carlotta Arceri, Angelo Gratarola, Giorgio Peretti	**Titre:**	Evone® Flow controlled ventilation: a new device for laryngotracheal surgery
DOI:	10.14639/0392-100X-N1834	**Date:**	2022 May 16
Site web:	PubMed Central (PMC)	**Éditeur:**	Acta Otorhinolaryngologica Italica

Sources des images

Les images non répertoriées sont soit créées par nous-mêmes, soit acquises avec une licence appropriée. Tous les droits sont réservés pour ces images.

Pour toutes les autres images répertoriées ici :
Aucune des images n'a été modifiée, seule la résolution a été ajustée. Dans la version eBook, les images ont été compilées en collages numérotés. Toutes les images restent soumises à leur licence d'origine et sont utilisées conformément à leurs conditions de licence respectives. Si vous découvrez des erreurs d'attribution ou d'autres anomalies, veuillez nous contacter.

Date de la révision finale des images : 2025-02-09.

Licence utilisée

CC0 http://creativecommons.org/publicdomain/zero/1.0/deed.en

Crédits images

[i1] - 001_001_002_image_gruendach.jpeg
https://upload.wikimedia.org/wikipedia/commons/d/d1/Green_roof_%2848820773896%29.jpg

Date:	2019-09-26	**par:**	Любитель свежего воздуха
Artiste:	umbc sustainability	**License:**	CC0

[i2] - 001_001_002_image_dachueberstand.jpeg
https://upload.wikimedia.org/wikipedia/commons/2/21/Temporary_shoring_is_installed_to_support_the_porch_roof_overhang_while_a_new_porch_deck_and_posts_are_installed._%2841efc130-aafa-4988-b6a0-8570268fe59c%29.jpg

Date:	Taken	**par:**	BMacZeroBot
Artiste:	NPS photo	**License:**	Public domain

[i3] - 001_001_003_image_abwasser.jpeg
https://upload.wikimedia.org/wikipedia/commons/d/de/Streicher_Begu.jpg

Date:	2012	**par:**	Xocolatl
License:	CC0		

[i4] - 001_002_002_image_nachhaltige_materialien.jpeg
https://upload.wikimedia.org/wikipedia/commons/8/8b/NCGP_Construction_Grant_-_Golisano_Institute_for_Sustainability_Research_Building_%285940498093%29.jpg

Date:	2010-09-21	**par:**	Vanished Account Byeznhpyxeuztibuo
Artiste:	National Institute of Standards and Technology	**License:**	Public domain

[i5] - 002_001_001_image_bienenwabe.jpeg
https://upload.wikimedia.org/wikipedia/commons/f/fc/AEDC_team_members_mark_completion_of_16S_honeycomb_%288205389%29.jpg

Date:	Taken	**par:**	OptimusPrimeBot
Artiste:	Keith Thornburgh	**License:**	Public domain

[i6] - 002_001_001_image_gebaeudehuelle.jpeg
https://upload.wikimedia.org/wikipedia/commons/2/2f/Trompe_l_oeil_Emperor%27s_Courtyard_Residenz_Munich.jpg

Date:	2013-10-22	**par:**	Jebulon
License:	CC0		

[i7] - 002_001_001_image_erker.jpeg
https://upload.wikimedia.org/wikipedia/commons/7/75/Bay_window_-_Beacon_Hill_-_Boston%2C_MA_-_DSC02137.jpg

Date:	2019-12-07	**par:**	Daderot
License:	CC0		

[i8] - 002_001_002_image_aufzug.jpeg
https://upload.wikimedia.org/wikipedia/commons/0/03/Adams_Building_Elevator_%2831935139772%29.jpg

Date:	2017-01-03	**par:**	Vanished Account Byeznhpyxeuztibuo
Artiste:	USCapitol	**License:**	Public domain

[i9] - 002_001_002_image_treppenhaus.jpeg
https://upload.wikimedia.org/wikipedia/commons/1/1a/Stairwell%2C_People%E2%80%99s_Savings_Bank_Building%2C_Pittsburgh%2C_2020-01-23.jpg

Date:	2020-01-23	**par:**	Cbaile19
License:	CC0		

[i10] - 002_001_003_image_jalousien.jpeg
https://upload.wikimedia.org/wikipedia/commons/d/d2/VenetianBlindAiyaz.jpg

Date:	2006-11-26	**par:**	Mutatis mutandis
Artiste:	Elf	**License:**	Public domain

[i11] - 002_001_003_image_oberlichter.jpeg
https://upload.wikimedia.org/wikipedia/commons/3/3f/Metropolitan_Building_skylight_Minneapolis.jpg

Date:	Taken	**par:**	File Upload Bot (Magnus Manske)
Artiste:	Mulad	**License:**	Public domain

[i12] - 002_001_003_image_sonnenschutzvorrichtungen.jpeg
https://upload.wikimedia.org/wikipedia/commons/c/c5/ALA_MOANA_OFFICE_BUILDING_GLOWS_IN_THE_AFTERNOON_SUN_-_NARA_-_553789.jpg

Date:	October	**par:**	US National Archives bot
Artiste:	NARA record: 3403717	**License:**	Public domain

[i13] - 002_002_001_image_demontage.jpeg
https://upload.wikimedia.org/wikipedia/commons/c/ca/Building_demolition_in_Ebisu.jpg

Date:	10 June 2023	**par:**	Syced
License:	CC0		

[i14] - 002_002_001_image_schiefer.jpeg
https://upload.wikimedia.org/wikipedia/commons/6/6a/Slate_at_Morte_Point_in_Devon.jpg

Date:	2017-06-29	**par:**	GeoWriter
Artiste:	https://pixabay.com/en/users/aitoff-388338/	**License:**	CC0

[i15] - 002_002_002_image_umweltbelastung.jpeg
https://upload.wikimedia.org/wikipedia/commons/a/a4/Alfred_Palmer_Smokestacks.jpg

Date:	1942	**par:**	Durova
Artiste:	Alfred T. Palmer	**License:**	Public domain

[i16] - 002_002_003_image_stahltraeger.jpeg
https://upload.wikimedia.org/wikipedia/commons/0/03/Steel_workers.jpg

Date:	circa	**par:**	Danaleeper
Artiste:	Andersson, Arne / Bohusläns museum	**License:**	CC0

[i17] - 002_002_003_image_upcycling.jpeg
https://upload.wikimedia.org/wikipedia/commons/9/97/Upcycling_Stra%C3%9Fenlampe_Frank_John-Lorenz_20200321_104129.jpg

Date:	2020-03-21	**par:**	Frank John-Lorenz
License:	CC0		

[i18] - 002_003_001_image_mineralwolle.jpeg
https://upload.wikimedia.org/wikipedia/commons/a/a3/Wool_insulation_installation.jpg

Date:	2012-06-07	**par:**	الحساوي
Artiste:	RachelW1	**License:**	CC0

[i19] - 002_003_001_image_photovoltaikanlage.jpeg
https://upload.wikimedia.org/wikipedia/commons/1/1b/Roof_Photovoltaic_Test_Facility_%285941022632%29.jpg

Date:	2006-06-22	**par:**	Vanished Account Byeznhpyxeuztibuo
Artiste:	National Institute of Standards and Technology	**License:**	Public domain

[i20] - 002_003_003_image_fussbodenheizung.jpeg
https://upload.wikimedia.org/wikipedia/commons/9/95/Electric_floor_heating_fussbodenheizung.jpg

Date:	2010-12-07	**par:**	Hundehalter
License:	CC0		

[i21] - 003_001_001_image_3dmodell.jpeg
https://upload.wikimedia.org/wikipedia/commons/f/f6/Construction_barrel_3D_animation.png

Date:	2020-03-28	**par:**	Kurtkaiser
Artiste:	Kurt Kaiser	**License:**	CC0

[i22] - 003_001_001_image_baustellenlogistik.jpeg
https://upload.wikimedia.org/wikipedia/commons/a/a2/US_Navy_100220-N-9643W-038_Service_members_conducting_joint_logistics_over_the_shore_operations_at_the_main_seaport_in_Port-au-Prince%2C_Haiti_off-load_construction_vehicles_and_equipment..jpg

Date:	2010-02-20	**par:**	BotMultichillT
Artiste:	U.S. Navy photo by Mass Communication Specialist 2nd Class Kim Williams	**License:**	Public domain

[i23] - 003_001_002_image_nachhaltigkeit.jpeg
https://upload.wikimedia.org/wikipedia/commons/2/2c/North_America_from_low_orbiting_satellite_Suomi_NPP.jpg

Date:	2012-01-04	**par:**	Hellbus
Artiste:	NASA/NOAA/GSFC/Suomi NPP/VIIRS/Norman Kuring	**License:**	Public domain

[i24] - 003_002_001_image_qualitaetskontrolle.jpeg
https://upload.wikimedia.org/wikipedia/commons/5/58/Quality_Control_-_Civil_Engineering_Project_Ghana_%288832140%29.jpg

Date:	Taken	**par:**	OptimusPrimeBot
Artiste:	Justin Stumberg	**License:**	Public domain

[i25] - 003_003_002_image_kritischer_pfad.jpeg
https://upload.wikimedia.org/wikipedia/commons/c/c3/McKnight_Road_Bridges_under_Construction-1_MN_%288474564430%29.jpg

Date:	2007-07-16	**par:**	Tyler ser Noche
Artiste:	Federal Highway Administration	**License:**	Public domain

[i26] - 003_003_002_image_baubesprechung.jpeg
https://upload.wikimedia.org/wikipedia/commons/3/3f/Engineer_technician_performing_a_pre-construction_meeting_with_land_manager_%28left%29_on_a_joint_project_on_a_CRP_Marginal_Grasslands_site_and_the_Chippewa-Luce-Mackinac_Conservation_District._Chippewa_County%2C_Michigan.jpg

Date:	2021-08-18	**par:**	Ooligan
Artiste:	USDAgov	**License:**	Public domain

[i27] - 004_001_001_image_zisterne.jpeg
https://upload.wikimedia.org/wikipedia/commons/8/80/Cistern%2C_Gallier_House%2C_New_Orleans%2C_1978.jpg

Date:	1978-07-25	**par:**	Infrogmation
Artiste:	Uncredited for US National Park Service	**License:**	Public domain

[i28] - 004_001_001_image_gewerbeimmobilie.jpeg
https://upload.wikimedia.org/wikipedia/commons/a/ae/Abandoned_commercial_property%2C_Soul_City.jpg

Date:	2018-12-19	**par:**	Indy beetle
License:	CC0		

[i29] - 004_001_001_image_rueckhaltebecken.jpeg
https://upload.wikimedia.org/wikipedia/commons/a/a7/Retention_basin_Rudolph-Wilde-Park_with_water_2023-06-26_07.jpg

Date:	2023-06-26	**par:**	GPSLeo
Artiste:	Leonhard Lenz	**License:**	CC0

[i30] - 004_001_001_image_starkregenereignis.jpeg
https://upload.wikimedia.org/wikipedia/commons/c/cb/Remnants_of_Subtropical_Storm_Alberto_Bring_Heavy_Rain_to_the_South%2C_Midwest_%28NESDIS_2018-05-30%29.jpg

Date:	30 May 2018	**par:**	OptimusPrimeBot
Artiste:	NOAA	**License:**	Public domain

[i31] - 004_001_002_image_toilettenspuelung.jpeg
https://upload.wikimedia.org/wikipedia/commons/a/ad/Standen_House_toilet_2024-10-08.jpg

Date:	2024-10-08	**par:**	Onthewings
Artiste:	Andy Li	**License:**	CC0

[i32] - 004_001_002_image_gartenbewaesserung.jpeg
https://upload.wikimedia.org/wikipedia/commons/1/17/PivotIrrigationOnCotton.jpg

Date:	2004-11	**par:**	Saperaud~commonswiki
License:	Public domain		

[i33] - 004_002_001_image_kreislaufwirtschaft.jpeg
https://upload.wikimedia.org/wikipedia/commons/d/d5/Waste_In_Iran%2C_Qom_City%2C_Worker%2C_Canon_Photography%2C_Social_Documentary%2C_Mostafa_Meraji_11.jpg

Date:	2015-11-10	**par:**	Mostafameraji
License:	CC0		

[i34] - 004_002_002_image_container.jpeg
https://upload.wikimedia.org/wikipedia/commons/7/7a/Line3174_-_Shipping_Containers_at_the_terminal_at_Port_Elizabeth%2C_New_Jersey_-_NOAA.jpg

Date:	2004-06	**par:**	Tagishsimon
Artiste:	Captain Albert E. Theberge, NOAA Corps (ret.)	**License:**	Public domain

[i35] - 004_002_002_image_paletten.jpeg
https://upload.wikimedia.org/wikipedia/commons/b/b4/FEMA_-_39207_-_Food_storage_containers_stacked_on_shipping_pallets_in_Texas.jpg

Date:	2008-10-10	**par:**	BotMultichillT
Artiste:	Greg Henshall	**License:**	Public domain

[i36] - 004_002_002_image_gebaeudemodell.jpeg
https://upload.wikimedia.org/wikipedia/commons/7/7a/Architectural_model_condo_interior.jpg

Date:	2006-12-28	**par:**	Mcapdevila
Artiste:	Fourdee	**License:**	Public domain

[i37] - 004_003_002_image_intermodaler_transport.jpeg
https://upload.wikimedia.org/wikipedia/commons/0/03/Intermodal_terminal_01.jpg

Date:	2020-06-01	**par:**	Wikideas1
Artiste:	Federal Highway Administration	**License:**	Public domain

[i38] - 004_003_002_image_elektrolkw.jpeg
https://upload.wikimedia.org/wikipedia/commons/4/42/REE_Automotive_P7-C_class_4_electric_truck_with_Knapheide_vocational_body_Work_Truck_Week_2024_facing_left.jpg

Date:	2024-03-07	**par:**	HueSurname
Artiste:	MJofLakeland1	**License:**	Public domain

[i39] - 004_003_003_image_erneuerbare_energien.jpeg
https://upload.wikimedia.org/wikipedia/commons/d/d9/Energy_Systems_Integration_Facility_%28ESIF%29_Construction_%289094118236%29.jpg

Date:	2012-12-05	**par:**	Bomazi
Artiste:	ENERGY.GOV	**License:**	Public domain

[i40] - 005_002_001_image_thermostatventil.jpeg
https://upload.wikimedia.org/wikipedia/commons/6/6f/247_Home_Rescue_radiator_thermostat.jpg

Date:	2014-06-11	**par:**	247homerescue
License:	CC0		

[i41] - 005_002_003_image_messgeraet.jpeg
https://upload.wikimedia.org/wikipedia/commons/7/70/Air_Terminal_Flow_Device_1.jpg

Date:	2022-01-28	**par:**	Ivangiesen
License:	CC0		

FSC
www.fsc.org
MIX
Papier | Fördert
gute Waldnutzung
FSC® C083411

Kolibri 360 GmbH
Ferdinand-Jühlke-Straße 7
99095 Erfurt, Deutschland
produktsicherheit@kolibri360.de